Entscheidung und Steuerung in hybriden Windparks

Harsh Dhiman · Dipankar Deb

Entscheidung und Steuerung in hybriden Windparks

Springer

Harsh Dhiman
Department of Electrical Engineering
Institute of Infrastructure Technology Research
and Management (IITRAM)
Ahmedabad, Gujarat, Indien

Dipankar Deb
Department of Electrical Engineering
Institute of Infrastructure Technology Research
and Management (IITRAM)
Ahmedabad, Gujarat, Indien

ISBN 978-981-97-8338-0   ISBN 978-981-97-8339-7 (eBook)
https://doi.org/10.1007/978-981-97-8339-7

Die Deutsche Nationalbibliothek verzeichnet diese Publikation in der Deutschen Nationalbibliografie; detaillierte bibliografische Daten sind im Internet über https://portal.dnb.de abrufbar.

Übersetzung der englischen Ausgabe: „Decision and Control in Hybrid Wind Farms“ von Harsh Dhiman und Dipankar Deb, © Springer Nature Singapore Pte Ltd. 2020. Veröffentlicht durch Springer Nature Singapore. Alle Rechte vorbehalten.

Dieses Buch ist eine Übersetzung des Originals in Englisch „Decision and Control in Hybrid Wind Farms“ von Harsh Dhiman, publiziert durch Springer Nature Singapore Pte Ltd. im Jahr 2020. Die Übersetzung erfolgte mit Hilfe von künstlicher Intelligenz (maschinelle Übersetzung). Eine anschließende Überarbeitung im Satzbetrieb erfolgte vor allem in inhaltlicher Hinsicht, so dass sich das Buch stilistisch anders lesen wird als eine herkömmliche Übersetzung. Springer Nature arbeitet kontinuierlich an der Weiterentwicklung von Werkzeugen für die Produktion von Büchern und an den damit verbundenen Technologien zur Unterstützung der Autoren.

Planung/Lektorat: Aninda Bose
Springer ist ein Imprint der eingetragenen Gesellschaft Springer Nature Singapore Pte Ltd. und ist ein Teil von Springer Nature.
Die Anschrift der Gesellschaft ist: 152 Beach Road, #21-01/04 Gateway East, Singapore 189721, Singapore

Ich widme dieses Buch dem Allmächtigen, der mir während meiner Reise genug Geduld und Stärke gegeben hat. Ich danke meinen Eltern Renu & Sanjay, meinem Bruder Hardik und der Liebe meines Lebens Shiwangi dafür, dass sie mich bis ans Ende der Welt motiviert haben.

–Harsh Dhiman

Ich widme dieses Buch über Entscheidung und Kontrolle dem höchsten Lenker, der mir die Fähigkeit zur Entscheidungsfindung gegeben hat. Ich danke meiner Frau Indulekha und meinem Sohn Rishabh für ihre unendliche Liebe und Unterstützung.

–Dipankar Deb

Vorwort

Die Erschöpfung der Kohleressourcen hat alarmierende Signale für die Installation von erneuerbaren Energiesystemen (RES) ausgelöst. Die Beliebtheit erneuerbarer Quellen steht im Einklang mit dem Energiesystem und bietet Vorteile wie sauberere Produktion und niedrigere Tarife, was sie zu einem zuverlässigen und sicheren Kandidaten für den weltweiten Strombedarf macht. Forschung und Entwicklung in Wind- und Solartechnologien haben in den letzten zwei Jahrzehnten einen enormen Anstieg verzeichnet, was Investoren dazu veranlasst hat, ihr Geld in diese Projekte zu investieren. Europäische Länder wie Dänemark, Deutschland, Schweden und England haben große Offshore-Windparks installiert, um den Energiebedarf ihrer Länder zu decken. China hingegen ist aktiv in der Fertigungsindustrie tätig, und Indien befindet sich auf der Entwicklungsseite des Windenergieportfolios.

Das Buch konzentriert sich auf die beiden wichtigsten Aspekte des Betriebs von Windparks, nämlich Entscheidung und Steuerung. Der erste Teil des Buches befasst sich mit Entscheidungsprozessen in Windparks. Die Entscheidungsfindung in der heutigen Zeit ist ein volatiler Prozess, der empfindlich auf interne und externe Faktoren reagiert, die die Entscheidungen der Entscheidungsträger direkt beeinflussen können. Das einführende Kapitel zur Entscheidungsfindung behandelt die wichtigsten Methoden zur Bewertung einer Reihe von Alternativen für gegebene Kriterien. Ein Teil des Kapitels ist auch der Sensitivitätsanalyse und ihrer Einflussnahme auf die Entscheidungsfindung gewidmet. Wir führen auch das Konzept der hybriden Windparks ein und listen die verschiedenen Strategien auf, die ein Betreiber anwenden kann, um einen optimalen Betrieb des Parks zu erreichen. Der Betrieb eines hybriden Windparks wird durch eine Reihe von Alternativen bestimmt, die der Windparkbetreiber wählen muss, um eine optimale Einspeisung von Windenergie in das Versorgungsnetz sicherzustellen. Die Entscheidungsfindung wird von genauen Windgeschwindigkeitsvorhersagen begleitet, die im Voraus bekannt sein müssen. Fehler in der Windvorhersage müssen angemessen durch die Einspeisung von Reservekapazität in das Netz in Form eines Batteriespeichersystems (BESS) ausgeglichen werden. Alternativen, basierend auf Strafkosten, werden anhand bestimmter Kriterien bewertet, und MCDM-Methoden werden verwendet, um die beste Wahl zu ermitteln. Darüber hinaus wird angesichts der Zufälligkeit des dynamischen Phänomens in Windparks ein unscharfer MCDM-Ansatz auf den Entscheidungsprozess angewendet, um die beste Alternative für den Betrieb des hybriden Windparks zu bewerten. Fallstudien aus den Windparks der USA werden mit numerischen Lösungen für das Problem präsentiert.

Der zweite Teil befasst sich mit dem Steuerungsaspekt, insbesondere mit der Steuerung des Gierwinkels, der zur Maximierung der Leistung in Windparks beiträgt. Eine neuartige, auf Übertragungsfunktionen basierende Methodik wird vorgestellt, die das Nachlaufzentrum der vorgelagerten Turbine(n) steuert. LIDAR-basierte numerische Simulationen werden für Windpark-Layouts durchgeführt. Eine adaptive Steuerungsstrategie wird implementiert, um den gewünschten Gierwinkel für vorgelagerte Turbinen zu erreichen. Die vorgeschlagene Methodik wird für zwei Windpark-Layouts getestet. Das Nachlaufmanagement wird auch für hybride Windparks implementiert, wobei die Lebensdauer von BESS untersucht wird. Der Einfluss des Gierwinkels auf die Betriebskosten von BESS wird bewertet, und Fallstudien für Windpark-Datensätze aus den USA und Dänemark werden durchgeführt. Insgesamt bietet dieses Buch einen umfassenden Entscheidungs- und Steuerungsaspekt für hybride Windparks, der aus industrieller Sicht nützlich sein kann.

Ahmedabad, Indien
August 2019

Harsh Dhiman
Dipankar Deb

Danksagungen

Die Erreichung dieses Ziels wäre ohne die Unterstützung des Institute of Infrastructure Technology Research and Management (IITRAM), das die notwendige infrastrukturelle Unterstützung für das Schreiben dieses Buches bereitstellte, nicht möglich gewesen. Die Autoren sind auch dem Multidisciplinary Publishing Institute (MDPI) dafür dankbar, dass es uns erlaubt hat, verwandte Inhalte für das Buch zu verwenden. Wir möchten den wissenschaftlichen und Forschungsorganisationen und -agenturen wie dem Wind Energy Center und der University of Massachusetts für den Online-Zugang zu Windgeschwindigkeitsdatensätzen danken. Wir möchten unsere aufrichtige Dankbarkeit gegenüber Dr. Meera Vasani, Associate Dean, und Frau Wati Longkumer für das Korrekturlesen der englischen Version ausdrücken.

Ahmedabad, Indien
August 2019

Harsh Dhiman
Dipankar Deb

Inhaltsverzeichnis

Über die Autoren

Harsh Dhiman wurde 1992 in Chandigarh geboren und promoviert derzeit am Department of Electrical Engineering des Institute of Infrastructure Technology Research and Management (IITRAM), Ahmedabad, Indien, unter der Betreuung von Prof. Dipankar Deb. Er erwarb seinen Master-Abschluss in Electrical Power Engineering an der Faculty of Technology & Engineering, The Maharaja Sayajirao University of Baroda, Vadodara, Indien, und seinen B. Tech in Electrical Engineering am Institute of Technology, Nirma University, Ahmedabad, Indien. Seine aktuellen Forschungsinteressen umfassen den hybriden Betrieb von Windparks, hybride Windvorhersagetechniken und das Wake-Management in Windparks.

Dipankar Deb hat seinen Ph.D. an der University of Virginia, Charlottesville, unter der Betreuung von Prof. Gang Tao, IEEE Fellow und Professor in der Abteilung für ECE, im Jahr 2007 abgeschlossen. Im Jahr 2017 wurde er zum IEEE Senior Member gewählt. Er hat als Lead Engineer bei GE Global Research Bengaluru (2012–15) und als Assistant Professor in EE, IIT Guwahati (2010–12) gedient. Derzeit ist er Professor für Elektrotechnik am Institute of Infrastructure Technology Research and Management (IITRAM), Ahmedabad. Er ist Koordinator für Student Startup und Innovationsprojekte am IITRAM. Er betreut Studenten beim Aufbau von geistigen Eigentumsrechten (Patenten). Seine Forschungsinteressen umfassen Regelungstheorie, Stabilitätsanalyse und erneuerbare Energiesysteme.

Abkürzungen

AEP	Annual energy production (Jährliche Energieproduktion)
AHP	Analytic hierarchy process (Analytischer Hierarchieprozess)
BESS	Battery energy storage system (Batterie-Energiespeichersystem)
CFD	Computational Fluid Dynamics (Computergestützte Strömungsdynamik)
COPRAS	Complex proportional assessment (Komplexe proportionale Bewertung)
CPS	Cumulative priority score (Kumulativer Prioritätswert)
EKF	Extended Kalman filter (Erweiterter Kalman-Filter)
ELECTRE	Elimination Et Choix Traduisant la Realité Methode (Methode der Eliminierung und Auswahl als Antwort auf die Realität)
ERM	Energy reservoir model (Energiespeichermodell)
FLORIS	Flow Redirection and Induction in Steady State (Strömungsumlenkung und Induktion im stationären Zustand)
HAWT	Horizontal axis wind turbine (Horizontale Achse der Windturbine)
IPC	Individual pitch control (Individuelle Blattwinkelsteuerung)
KF	Kalman filter (Kalman-Filter)
KKT	Karush-Kuhn-Tucker (Karush-Kuhn-Tucker)
LIDAR	Light detection and ranging (Lichtdetektion und -entfernung)
LSSVR	Least square support vector regression (Kleinste-Quadrate-Unterstützungsvektorregression)
MAPE	Mean absolute percentage error (Mittlerer absoluter prozentualer Fehler)
MCDM	Multi-criteria decision-making (Multi-Kriterien-Entscheidungsfindung)
MPAC	Model predictive active control (Modellprädiktive aktive Steuerung)
NIS	Negative ideal solution (Negative ideale Lösung)
OCV	Open-circuit voltage (Leerlaufspannung)
PC	Penalty cost (Strafkosten)
PI	Proportional-integral control (Proportionale Integral-Regelung)
PIS	Positive ideal solution (Positive Ideallösung)

PROMETHEE	Preference ranking organization method for enrichment evaluation (Präferenz-Rangordnungs-Methode zur Anreicherungsevaluation)
PS	Priority score (Prioritätspunktzahl)
RMSE	Root mean squared error (Wurzel des mittleren quadratischen Fehlers)
SAW	Simple additive weighting (Einfache additive Gewichtung)
SoC	State of charge (Ladezustand)
SOWFA	Simulation for On/Offshore Wind Farm Applications (Simulation für Onshore-/Offshore-Windpark-Anwendungen)
SVR	Support vector regression (Unterstützungsvektorregression)
TOPSIS	Technique for Order of Preference by Similarity to Ideal Solution (Technik zur Ordnung der Präferenz nach Ähnlichkeit zur idealen Lösung)
UKF	Unscented Kalman filter (Unbenutzter Kalman-Filter)
WFLOP	Wind farm layout optimization (Optimierung des Layouts von Windparks)
WRA	Wind resource assessment (Windressourcenbewertung)

Abbildungsverzeichnis

Tabellenverzeichnis

1 Grundlagen der Steuerungssysteme für Windturbinen und Windparks

Wind ist eine zufallsbedingt veränderbare Ressource, die mithilfe von Windturbinen, die typischerweise am Boden verankert sind und unterschiedlichen Drehmomenten und Lasten bei wechselnden atmosphärischen Bedingungen ausgesetzt sind, angemessen genutzt werden muss. Es gibt erhebliche Herausforderungen bei der Modellierung solcher Verhaltensweisen, und solche Probleme werden im Falle von Offshore-Windturbinen, hügeligem Gelände und während Vorkommnissen, die in diesem Buch ausführlich behandelt werden, noch komplexer. In diesem Kapitel stellen wir grundlegende Aspekte der Blattverstellungskontrolle von Windturbinen, der Nachlaufkontrolle und auch der Strategie zur Maximierung der Windreserveleistung vor. Die Mikroplatzierung ist ein Thema in Windparks, das die insgesamt vom Park erzeugte Leistung beeinflusst und mit der Turbinensteuerung und dem Nachlaufeffekt zusammenhängt.

1.1 Einführung

Moderne Windturbinen arbeiten in einem Bereich, der durch eine kubische Beziehung zwischen der extrahierten Windleistung und der Windgeschwindigkeit gekennzeichnet ist. Die Leistung einer Windturbine in Bezug auf die Fähigkeit zur Energieerfassung hängt nicht nur von der Windgeschwindigkeit ab, sondern auch von der Ausrichtung der Rotorblätter und der Rotornabe. Die Kontrolle dieser multidimensionalen Abhängigkeit ist einer der Schlüsselbereiche der Windenergieforschung. Mathematisch wird die von einer Turbine mit Rotorfläche A aus bewegter Luft mit einer Geschwindigkeit v extrahierte Windleistung wie folgt angegeben

$$P(t) = \frac{1}{2}\rho A v^3(t) C_p(\lambda, \beta), \tag{1.1}$$

H. Dhiman und D. Deb, *Entscheidung und Steuerung in hybriden Windparks*,
https://doi.org/10.1007/978-981-97-8339-7_1

wobei $C_p(\lambda, \beta)$ der Leistungskoeffizient ist, der vom Spitzen-Geschwindigkeitsverhältnis λ und dem Blattwinkel β abhängt. Der Begriff C_p spiegelt im Wesentlichen die Fähigkeit der Turbine in Bezug auf die aerodynamische Effizienz wider, die einen maximalen theoretischen Wert von 0,59 hat. Eine Windturbine beginnt bei einer bestimmten Geschwindigkeit, die als Einschaltgeschwindigkeit v_{in} bekannt ist, Energie zu extrahieren, die typischerweise im Bereich von 2,5 bis 5 m/s liegt. Weiterhin ist der Bereich von der Einschaltgeschwindigkeit bis zur Nennleistungsgeschwindigkeit (Geschwindigkeit, bei der die Windturbine optimal arbeiten soll) der Bereich, in dem die Turbine betriebsbereit ist. Bei Windgeschwindigkeiten über der Nennleistungsgeschwindigkeit stellt die Turbine die Energieproduktion aufgrund der Generatorfähigkeitsgrenzen in Bezug auf die Ankerbewertung ein. Wenn die Turbine über der Nennleistungsgeschwindigkeit betrieben wird, sind Kollateralschäden an den Turbinenkomponenten wie Rotorwelle, Getriebe und Gierlagern möglich, was den Betrieb des Windparks gefährden könnte. Abb. 1.1 zeigt die Leistungskurve der Windturbine mit drei Bereichen, in denen der Turbinenbetrieb definiert ist. Bereich I, in dem keine Energieextraktion beobachtet wird, da die Windgeschwindigkeit unter der Einschaltgeschwindigkeit liegt. Bereich II, in dem die Windleistung einer kubischen Beziehung zur einströmenden Windgeschwindigkeit folgt.

Abb. 1.2 veranschaulicht die Arten der Windturbinensteuerungen, die in modernen Windkraftanlagen verwendet werden.

Die Giersteuerung wird verwendet, um die Gier in Richtung der Windrichtung auszurichten, um die maximale Energie aus dem Wind zu extrahieren. Im Laufe der Jahre hat die Giersteuerung von Windturbinen sowie Windparks aufgrund der Menge an Leistungsverbesserung und Turbinenlastreduzierung, die sie bietet, an Bedeutung gewonnen. Insbesondere die aerodynamische Belastung der nachgelagerten Turbinen ist ein Grund zur Besorgnis, der viele Windparkbetreiber dazu veranlasst, hochpräzise Sensorgeräte wie Lichtdetektion und Entfernungsbestimmung (LIDAR) zu verwenden.

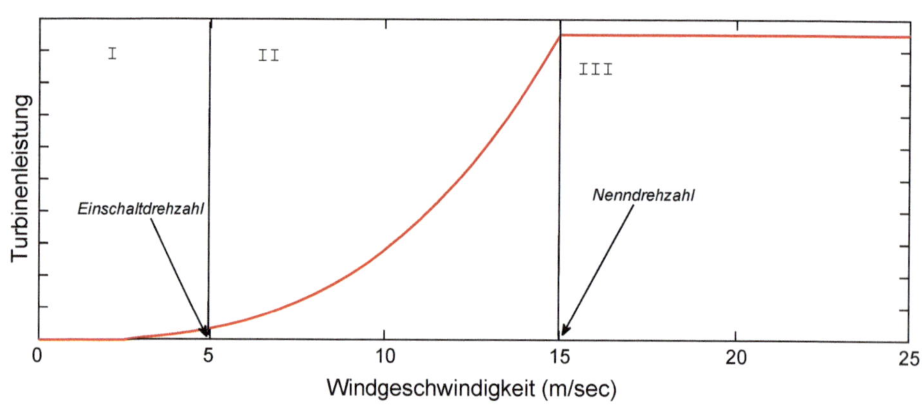

Abb. 1.1 Leistungskurve der Windturbine

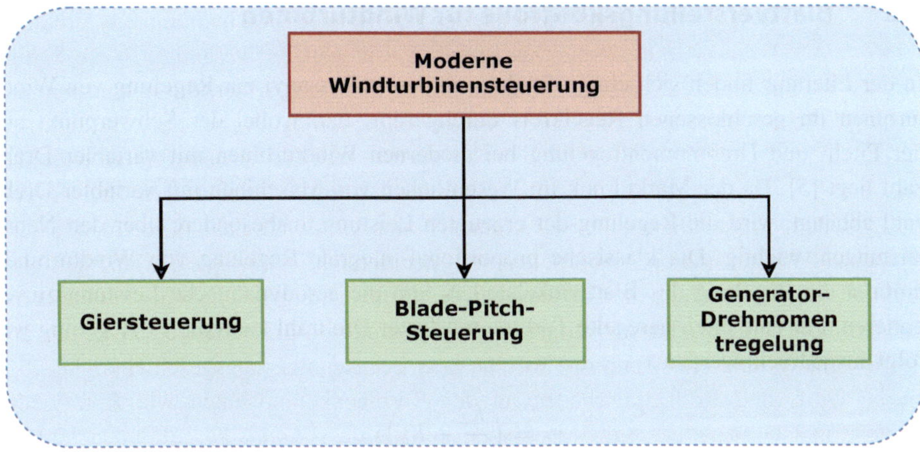

Abb. 1.2 Arten der modernen Windturbinensteuerung

Weiterhin zielt die Generatordrehmomentsteuerung darauf ab, das Spitzen-Geschwindigkeitsverhältnis zu verfolgen und das Reaktionsdrehmoment anzupassen, wobei der Blattwinkel konstant gehalten wird. Bei höheren Windgeschwindigkeiten, über der Nennleistungsgeschwindigkeit, wirkt der Blattwinkelregler, um das Generatordrehmoment konstant zu halten. Abb. 1.3 zeigt das Layout eines generischen Windpark-Controllers, der darauf abzielt, die Energieausgabe zu maximieren, wenn er einem vorgegebenen Leistungsreferenzwert folgen darf. Verschiedene Eingaben wie erzeugte Leistung, Windgeschwindigkeit und -richtung sowie Blattwinkel werden dem Controller zugeführt.

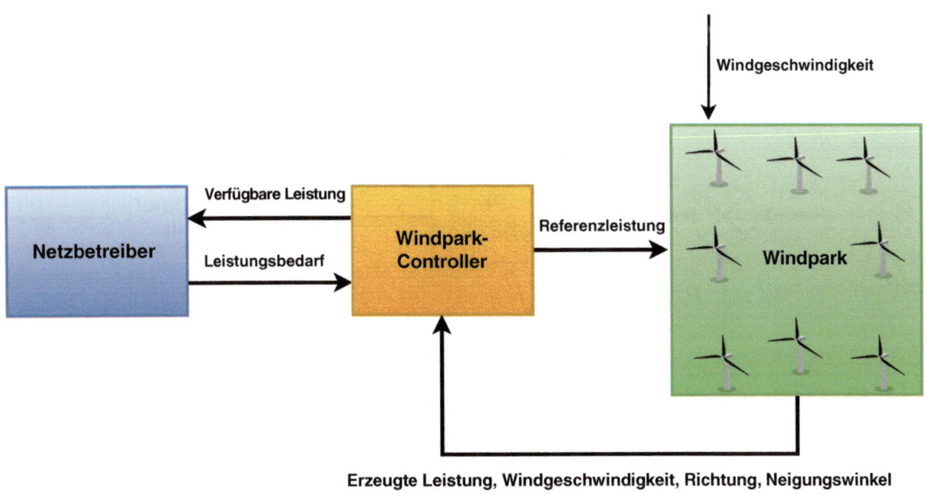

Abb. 1.3 Generischer Windpark-Controller zur Leistungsmaximierung

1.2 Blattverstellungskontrolle für Windturbinen

In der Literatur finden sich einige Studien, in denen Bossanyi zur Regelung von Windturbinen im geschlossenen Regelkreis durchgeführt hat, wobei der Schwerpunkt auf der Pitch- und Drehmomentregelung bei modernen Windturbinen mit variabler Drehzahl liegt [5]. Da der Marktdruck im Wesentlichen von Maschinen mit variabler Drehzahl abhängt, wird die Regelung der erzeugten Leistung, insbesondere über den Nennleistungen, wichtig. Die klassische proportional-integrale Regelung von Windturbinen umfasst die Regelung des Blattwinkelstellers, um die aerodynamische Leistung zu regulieren. Für eine pitch-geregelte Turbine mit fester Drehzahl kann die PI-Regelung wie folgt ausgedrückt werden

$$y_\beta = \left(\frac{K_i}{s} + K_p\right)x_p, \tag{1.2}$$

wobei y_β und x_p der geforderte Pitch und die arithmetische Differenz zwischen gemessener Leistung und Nennleistung sind. Abb. 1.4 zeigt die Hauptkomponenten einer PI-Regelung für pitch-geregelte Windturbinen.

Im Falle einer PI-Regelung, bei der die Integrationswirkung allein für die Korrektur des stationären Fehlers verantwortlich ist, kann ein großer Eingang zu einem Überschwingen führen, das durch die Sättigung des Aktuators verursacht wird [14]. Daher ist eine Windup-Aktion notwendig, um den Ausgang des Reglers zu begrenzen, und kann wie folgt ausgedrückt werden

$$sat(x_p) = \begin{cases} x_p^+, & \text{falls } x_p\ x_p^+ \\ x_p, & \text{falls } x_p^- \leq x_p \leq x_p^+, \\ x_p^-, & \text{falls } x_p < x_p^- \end{cases} \tag{1.3}$$

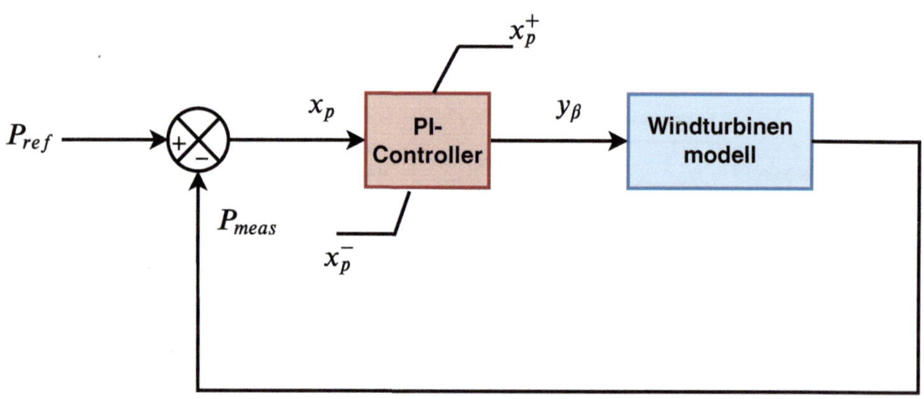

Abb. 1.4 PI-Regelung mit Anti-Windup für pitch-geregelte Windturbinen mit fester Drehzahl

wobei x_p^+ und x_p^- die Sättigungsgrenzen sind, die dem Regler-Eingang x_p auferlegt werden. Im Falle einer pitch-geregelten Regelung kann ein großer Fehler in der Turbinenleistung zu einer fehlerhaften Reglerreaktion führen, die unkontrollierbare Schwingungen verursacht, die ihrerseits zu übermäßigem Verschleiß der mechanischen Ausrüstung führen können.

Ähnlich wie bei der Blattwinkelsteuerung in Festdrehzahlmaschinen wird bei variablen Drehzahl-Turbinen der Fehler in der Rotordrehzahl als Eingabe für den Regler verwendet, während das Drehmoment konstant gehalten wird. Diese Art der Steuerungsstrategie wird für Region III der Windturbinenkurve oberhalb der Nennleistung verwendet. Ein weiteres Hauptproblem bei der Steuerung von Windturbinen ist die aerodynamische Belastung, die mechanische Schäden an den Rotorblättern, der Turbinen-Nabe und dem Turm verursacht. Sowohl die individuelle Blattwinkelsteuerung (IPC) als auch die kollektive Blattwinkelsteuerung (CPC)[1] werden verwendet, um die durch turbulente Strömung entstehenden transienten Schwingungen zu mindern. Da eine Windturbine aus rotierenden und nicht rotierenden Teilen besteht, verwendet IPC die Coleman-Transformation, bei der die Sensorsignale aus dem rotierenden Bezugsrahmen in den nicht rotierenden Bezugsrahmen umgewandelt werden. Die erste Verwendung der Coleman-Transformation wurde von Bossayni vorgeschlagen, wobei die lineare quadratische Gaußsche (LQG) Steuerung angewendet wird [6]. Der Steuerungsalgorithmus arbeitet schnell, wenn er in Direkt- und Quadraturachse entkoppelt wird, und eine Rücktransformation wird dann verwendet, um die Blattwinkelanforderungen für drei Blätter zu erreichen. Die Coleman-Transformation wird als

$$\begin{pmatrix} \theta_d \\ \theta_q \end{pmatrix} = \begin{pmatrix} \cos(\psi) & \cos(\psi + \frac{2\pi}{3}) & \cos(\psi + \frac{4\pi}{3}) \\ \sin(\psi) & \sin(\psi + \frac{2\pi}{3}) & \sin(\psi + \frac{4\pi}{3}) \end{pmatrix} \begin{pmatrix} \theta_1 \\ \theta_2 \\ \theta_3 \end{pmatrix} \tag{1.4}$$

und die inverse Coleman-Transformation von der d-q-Achse zum rotierenden Bezugsrahmen wird als

$$\begin{pmatrix} \theta_1 \\ \theta_2 \\ \theta_3 \end{pmatrix} = \begin{pmatrix} \cos(\psi) & \cos(\psi + \frac{2\pi}{3}) & \cos(\psi + \frac{4\pi}{3}) \\ \sin(\psi) & \sin(\psi + \frac{2\pi}{3}) & \sin(\psi + \frac{4\pi}{3}) \end{pmatrix}^T \begin{pmatrix} \theta_d \\ \theta_q \end{pmatrix}, \tag{1.5}$$

angegeben, wobei θ_d, θ_q sich auf die Blattwinkelanforderungen in Direkt- und Quadraturachse im festen Bezugsrahmen beziehen, während $\theta_1, \theta_2, \theta_3$ die Blattwinkelanforderungen im rotierenden Bezugsrahmen sind und ψ sich auf den Azimutwinkel des Rotors bezieht. Abb. 1.5 zeigt die Architektur für CPC und IPC einer Windturbine.

[1] Die Abkürzungen in Klammern beziehen sich z.T. auf die englischen Begriffe. Die Aufschlüsselung finden Sie den Kapiteln vorangestellt.

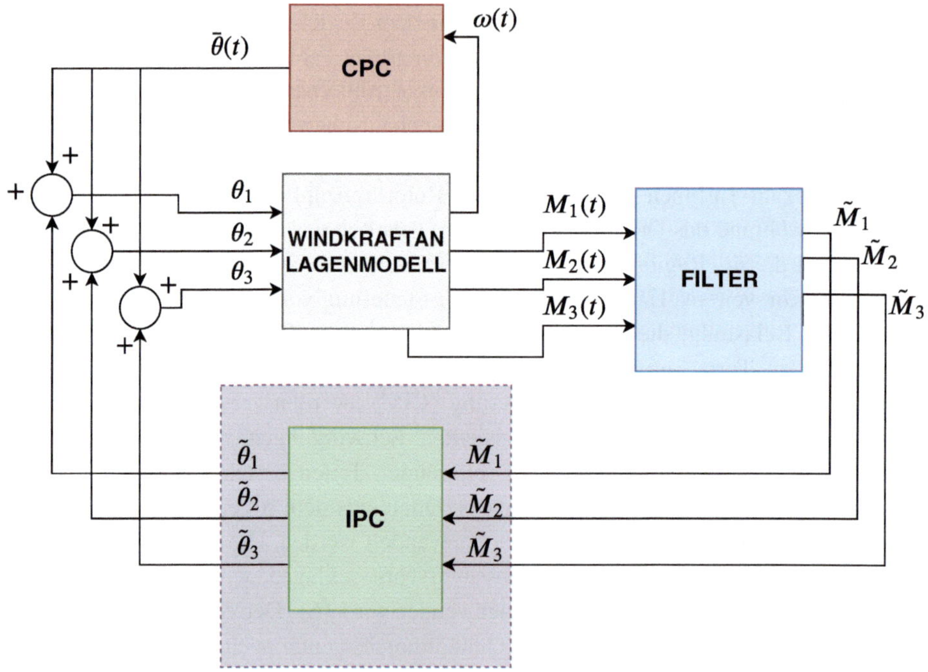

Abb. 1.5 Kombinierte Architektur für kollektive Blattwinkelsteuerung (CPC) und individuelle Blattwinkelsteuerung (IPC) einer Windturbine

Die kollektive Blattwinkelsteuerung dient zur Regelung der Rotordrehzahl $\omega(t)$ und IPC dient zur Reduzierung der Störungen in den Flapwise-Wurzelbiegemomenten an jedem Turbinenblatt.

Die Blattdynamik für eine Windturbine zur Lastcharakterisierung, wie von Bossanyi vorgeschlagen, wird gegeben als

$$\frac{\dot{M}_i(t)}{dt} + 2\pi f_{blade}\xi_{blade}\dot{M}_i(t) + 4\pi^2 f_{blade}^2 M_i(t) = 4\pi^2 f_{blade}^2 M_{flap,i}(t), \tag{1.6}$$

wobei f_{blade}, ξ_{blade} die Eigenfrequenz und das Dämpfungsverhältnis des Blattes sind, $M_i(t)$ das Biegemoment an der Blattwurzel in Flaprichtung ist und $M_{flap,i}$ die aerodynamische Belastung in Flaprichtung auf ith das Blatt ist [5]. Ebenso können Turmdynamiken als Masse-Feder-Dämpfer-System modelliert werden, um die Vorwärts-Rückwärts-Bewegung zu analysieren als

$$m_T\ddot{x}_{fa}(t) + \xi_T\dot{x}_{fa}(t) + k_T x_{fa}(t) = F_T(t) = \frac{3}{2h}M_{tilt}(t), \tag{1.7}$$

wobei m_T, ξ_T, k_T die Turmmasse, Dämpfungs- und Steifigkeitskoeffizienten bezeichnen, während M_{tilt} das Kippmoment des Rotors ist. In der Linie der von Selvam et al. durchgeführten Arbeiten verwendet die individuelle Pitch-Control-Technik im Wesentlichen die Coleman-Transformation zur Minimierung von Rotor- und Kippbewegungen [29]. Neben der LQG-basierten Steuerung wird auch ein Feedforward-Controller verwendet, um den niederfrequenten Einfluss des Windes auf die Rotorvibrationen herauszufiltern. Die Ergebnisse zeigten, dass die LQG-basierte IPC zu einer besseren Reduktion der Ermüdungslasten führte als die konventionelle PI-basierte IPC. Darüber hinaus ist es möglich, die Reduktion der Ermüdungslasten durch LIDAR-basierte Messgeräte zu verbessern, die hervorragende Vorschauinformationen über die Windgeschwindigkeit bieten. Der Einsatz von LIDAR in der Windturbinensteuerung wird von Schlipf et al. untersucht, wobei eine nichtlineare modellprädiktive Steuerung zur Reduzierung der Ermüdungslasten auf Windturbinen verwendet wird [28]. Die Leistung dieser Methode wird mit einem Basis-Controller verglichen und die Ergebnisse zeigen eine Reduktion von bis zu 50 % ohne signifikante Einbußen bei der Windkraft. Der Basis-Controller implementiert einen Drehmoment-Controller in Kombination mit einer kollektiven Blatt-Pitch-Steuerung, während ein modellprädiktiver Controller das zukünftige Verhalten vorhersagt, basierend auf den aktuellen Messungen und einem internen Modell.

In Bezug auf die Drehzahlregelung haben Frost et al. eine direkte adaptive Steuerung einer Windturbine im Versorgungsmaßstab demonstriert [12]. Laut der in Abb. 1.1 dargestellten Leistungskurve der Windturbine kann ein Generator, wenn eine Turbine in Region III betrieben wird, die durch Windgeschwindigkeiten über der Nennwindgeschwindigkeit gekennzeichnet ist, zu einer Überhitzung der Ankerleitungen führen und somit Schäden an der Leistungselektronik verursachen. Darüber hinaus verursachen höhere Windgeschwindigkeiten auch Schäden an den nicht rotierenden Teilen der Turbine in Form von übermäßigem Verschleiß und in einigen Fällen Rissen in den Rotorblättern und dem Turm. Eine direkte modellreferenzadaptive Steuerung wird verwendet, um die Störungen abzulehnen und die Drehzahlregelungen zu verbessern, und die Ergebnisse werden mit einem konventionellen PI-basierten Pitch-Controller verglichen. Johnson et al. haben mehrere Standard- und adaptive Steuerungstechniken zur Energieoptimierung in Region II der Windturbinenkurve diskutiert [17]. Adaptive Steuerung wird für Regionen mit positiven und negativen Geschwindigkeiten angewendet. Weiterhin haben Moradi et al. die Leistung der klassischen PID-Steuerung und H_∞-Steuerung für eine Windturbine bei Vorhandensein von Unsicherheiten wie Variation des Leistungskoeffizienten, Diskontinuität der Windgeschwindigkeit und ungenaue Windgeschwindigkeitsmessung diskutiert [22]. Es wird beobachtet, dass im Falle der PID-Steuerung die oszillatorische Reaktion sehr hoch ist, wenn die Anlage Unsicherheiten ausgesetzt ist, während bei H_∞-Steuerung eine viel glattere Reaktion in der Turbinendrehzahl beobachtet wird.

1.3 Wake Control für Windturbinen

Windkraftanlagen, die hinter stromaufwärts gelegenen Turbinen platziert sind, erfahren eine Reduktion der Leistung aufgrund von Wake-Interaktionen. Dieser Rückgang der erfassten Leistung ist hauptsächlich verantwortlich für den vermehrten Einsatz von Zusatzgeräten wie Batteriespeichersystemen (BESS) in einem Windpark. Unregelmäßige

Windlasten verursachen Ermüdung an nicht rotierenden Turbinenteilen, die letztendlich zum Ausfall der Turbine führen. Windwakes können als Verlust in der Stromproduktion und als Zunahme der dynamischen Belastung auf nachgelagerte Turbinen charakterisiert werden. Bei stochastischem Windfluss kann die Variation der erzeugten Leistung ein Problem für Windparkbetreiber darstellen. Windparks in den Vereinigten Staaten haben aufgrund von Wake-Interaktionen 10–15 % weniger Leistung als ihre Kapazität erzeugt. Wake-Interaktionen erfordern eine genaue Modellierung, die den Mikro-Siting-Prozess unterstützt und die jährliche Energieproduktion (AEP) einer Windanlage erhöht. Um Windwakes in einem Windpark zu modellieren, werden verschiedene kinematische Modelle und 2D/3D-Modelle verwendet. Unter den kinematischen Modellen werden das Modell von Jensen [16], das Modell von Fradsen [11], das Modell von Ainslie [1] und ein von Bastankhah vorgeschlagenes Gaußsches Wake-Modell [3] zur Wake-Charakterisierung verwendet. Das kinematische Modell nutzt einfache algebraische Gleichungen, die die freie Strömungsgeschwindigkeit, die stromabwärts gelegene Entfernung und den Wake-Eintrittsfaktor mit der Wake-Geschwindigkeit in Beziehung setzen. Andererseits basieren 2D/3D-Modelle auf den Navier-Stokes-Gleichungen, die jedoch zeitaufwendig sind. Abb. 1.6 zeigt verschiedene Wake-Modelle, die für die Windressourcenbewertung verwendet werden.

Verschiedene experimentelle Studien wurden durchgeführt, die Wake-Modelle in Bezug auf die erfasste Leistung validieren. In der Windindustrie werden hauptsächlich zwei Methoden implementiert, nämlich die axiale Induktionssteuerung und die Yaw-Winkelsteuerung. Bei der axialen Induktionssteuerungsmethode wird der Pitch-Winkel der stromaufwärts gelegenen Turbinen erhöht, um die Windgeschwindigkeit für die nachgelagerten Turbinen zu erhöhen. Bei der Yaw-basierten Steuerung wird der Yaw-Winkel der stromaufwärts gelegenen Turbinen variiert, um den Wake-Fluss vom Rotor der nachgelagerten Turbinen abzulenken. Es wird beobachtet, dass dies zu einer signifikanten Reduktion der dynamischen Belastung führt. Aus der Perspektive eines Windparkbetreibers ist das Ziel, die Leistungsausgabe zu maximieren und die Belastungseffekte zu minimieren, von größter Bedeutung. Diese kollektive Methode zur Verbesserung der Windparkleistung wird als aktive Wake-Steuerung (AWC) bezeichnet und ist in Abb. 1.7 zusammengefasst.

Mathematisch kann ein solches Optimierungsproblem ausgedrückt werden als

$$\min_{\theta,\gamma} J = \frac{J_{load}(\theta,\gamma)}{J_{pow}(\theta,\gamma)}, \tag{1.8}$$

wobei $J_{load}(\theta,\gamma)$ und $J_{pow}(\theta,\gamma)$ sich auf die einzelnen Optimierungsfunktionen für Ladeeffekt und Energieerfassung in einem Windpark beziehen. Optimierung basierend auf mehreren Zielen erfordert sorgfältige Grenzen für die Einschränkungen. Um den Ladeeffekt auf Windturbinen zu optimieren, wird die Lebensdauer jedes Geräts berücksichtigt. Die Lebensdauer (L_t) eines Turbinengeräts steht in umgekehrter Beziehung zur Belastung (S_t), die auf es wirkt. Mathematisch kann es ausgedrückt werden als

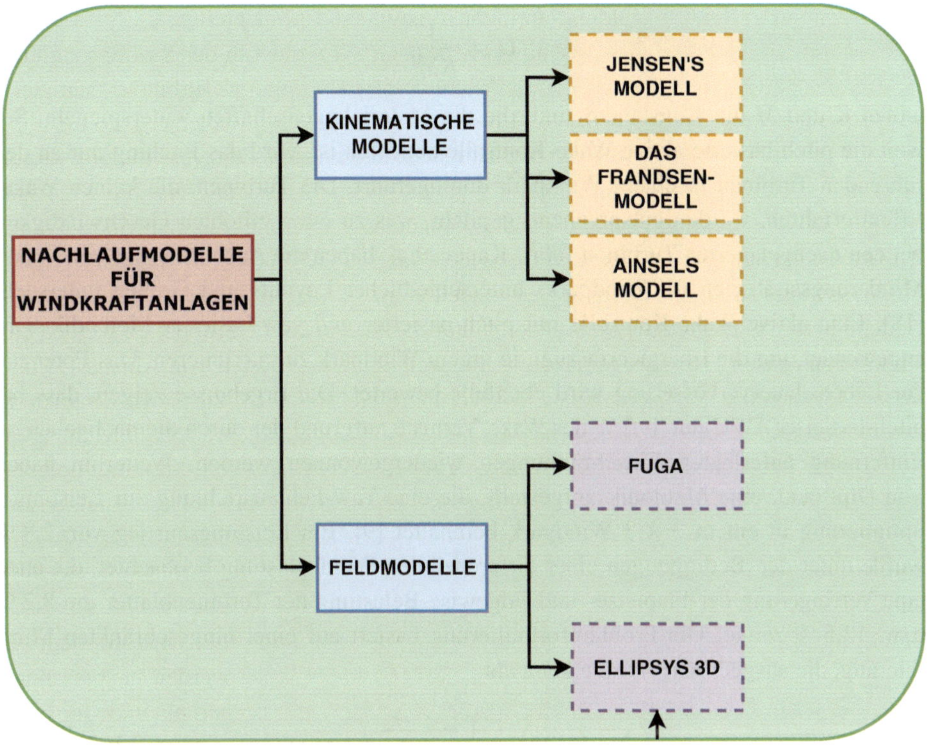

Abb. 1.6 Verschiedene Wake-Modelle für Windkraftanlagen

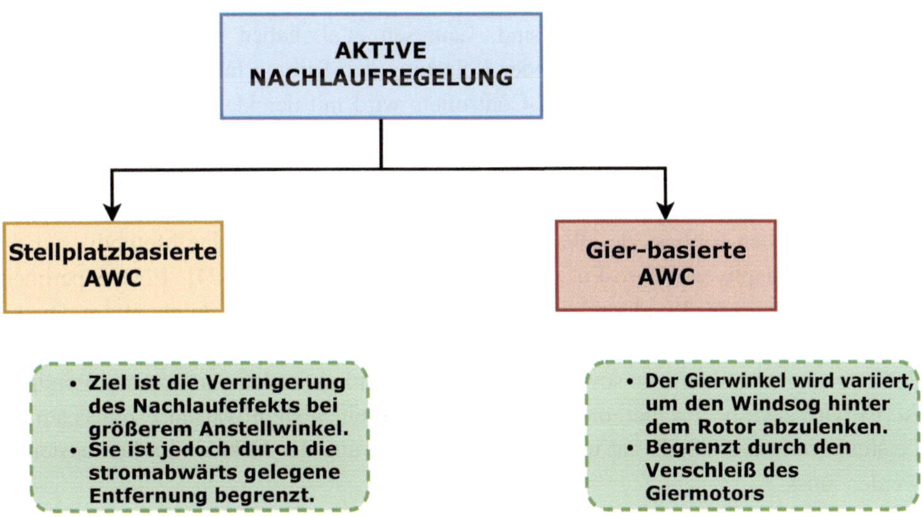

Abb. 1.7 Zusammenfassung der aktiven Wake-Steuerung in Windparks

$$L_t = \frac{1}{KS_t^M}, \tag{1.9}$$

wobei K und M die Konstanten sind, die die Materialeigenschaften widerspiegeln. Soweit die pitch-basierte aktive Wake-Kontrolle betroffen ist, wird das Pitching nur an den führenden Turbinen in einem Windpark durchgeführt. Die Turbinen, die keinen Wake-Effekt erfahren, werden entsprechend gepitcht, was zu einer erhöhten Geschwindigkeit bei den nachgelagerten Turbinen führt. Kanev et al. haben die Auswirkungen von Wake-Minderungsstrategien für Windparks unterschiedlicher Layouts und Größen untersucht [18]. Eine aktive Wake-Kontrolle mit pitch-basierter und yaw-basierter Methodik wird angewendet, um die Energieerfassung in einem Windpark zu maximieren. Das Potenzial zur Lebensdauerverbesserung wird ebenfalls bewertet. Die Ergebnisse zeigen, dass bei pitch-basierter AWC nur 1–5 % der Wake-Verluste aufgrund der durch die nachgelagerte Entfernung auferlegten Einschränkungen wiedergewonnen werden. Weiterhin haben Van Dijk et al. eine Methodik vorgestellt, die eine Yaw-Fehlausrichtung zur Leistungsoptimierung in einem 3×3 Windpark beinhaltet [9]. Ein Leistungsanstieg von 2,8 % wurde unter den Bedingungen einer differenziellen Windbelastung beobachtet, die auch eine Verringerung der Flapwise- und Edgewise-Belastung der Turbinenblätter um 8,2 % bzw. 12,5 % zeigte. Die Problemformulierung basiert auf einer eingeschränkten Minimierung, die ausgedrückt werden kann als

$$\min_{\gamma} c(\gamma) = -\lambda\Big(\sum_{i=1}^{N} P_i(\gamma)\Big) + \frac{1-\lambda}{2N}\sum_{i=1}^{N}\Big(\Delta\bar{M}_{f,i}(\gamma) + \Delta\bar{M}_{e,i}(\gamma)\Big), \tag{1.10}$$

wobei γ der Yaw-Winkel ist, $P_i(\gamma)$ die von ith Turbine erzeugte Leistung ist, N die Gesamtzahl der Turbinen ist und $\Delta\bar{M}_{f,i}(\gamma), \Delta\bar{M}_{e,i}(\gamma)$ die Flapwise- und Edgewise-Belastung auf dem Turbinenblatt sind. Lauresen et al. haben ein modellprädiktives Steuerungssystem zur Minimierung der Belastung der Turbine in einem Windpark diskutiert [20]. Die Leistung des MPC-Controllers wird mit der klassischen PI-Steuerung verglichen. Verschiedene Szenarien, die die geforderte Leistung und die erzeugte Leistung betreffen, werden getestet, die die Methodik zur Maximierung der Leistung bei gleichzeitiger Minimierung des Wake-Effekts validieren. Weiterhin haben Nikoli et al. in Bezug auf den Einfluss des Wake auf die Energieproduktion eine Methodik auf der Basis eines adaptiven Neuro-Fuzzy-Inferenzsystems vorgestellt [24]. Eine experimentelle Analyse wird für Windgeschwindigkeiten von 6, 8 und 10 m/s durchgeführt. Die Ergebnisse zeigten, dass ANFIS eine zuverlässige Soft-Computing-Technik zur Vorhersage der Leistungsverlustverluste sowie des Windgeschwindigkeitsdefizits für einen Windpark ist. Es wird auch beobachtet, dass die Windrichtung einen signifikanten Einfluss auf das Leistungsverlustverhältnis hat und bei der Durchführung der Mikrositing berücksichtigt werden muss.

Mit dem Aufkommen von erneuerbaren Energiesystemen hat die Netzintegration von Windenergiesystemen drastisch zugenommen. Diese Integration stellte auch die

Zuverlässigkeit und Sicherheit des Stromsystems insgesamt infrage. Aufgrund der zahlreichen Vorteile, die Windenergiesysteme in Form von emissionsfreier Energie bieten, haben die Investitionen insbesondere in Offshore-Plattformen zugenommen. Im Falle von Offshore-Windparks hat die reichliche Windressource auch eine wichtige Rolle bei der Anziehung von hohen Investitionen insbesondere in europäischen Ländern gespielt. Die Intermittenz, ob auf Onshore- oder Offshore-Plattformen, gefährdet jedoch die Kapazitätsanforderungen für Reservekraftquellen und muss daher optimiert werden.

Da Wind stochastisch ist, variiert die Erzeugung aus Windkraftanlagen ständig, was die Notwendigkeit einer Reserveleistungskapazität erfordert. Windkraftanlagen (WPPs) können Batteriespeichersysteme als Reserve haben, werden jedoch oft wegen ihrer hohen Anfangsinvestitionskosten kritisiert. Da die Windressource reichlich vorhanden ist und das Leistungspotenzial enorm ist, können WPPs auch dazu dienen, moderne Netze mit zusätzlicher Unterstützung zu versorgen. Diese schnell wirkende Unterstützung kann in Form von Frequenzregelung erfolgen. Die Steuerung von WPPs konzentriert sich konventionell auf die Maximierung der Leistung bei minimalen Kosten. In einer von Siniscalchi-Minna et al. durchgeführten Studie wird jedoch die Leistungsreserve optimiert, wobei die Erzeugungskapazität jeder Turbineneinheit in einem Windpark berücksichtigt wird [30]. Frequenzunterstützung kann von WPPs bereitgestellt werden, indem sie über einen längeren Zeitraum reale Leistung liefern, um die Frequenz auf ihren Nennwert zu bringen. Ein Entlastungsmodus, bei dem jede Turbineneinheit bei etwa 70–80 % ihres Nennwerts arbeitet, wird implementiert. Diese Frequenzunterstützung steht jedoch vor Herausforderungen, die durch die sich ständig ändernden aerodynamischen Bedingungen in der Prandtl-Schicht, in der Windturbinen arbeiten, entstehen. Abb. 1.8 veranschaulicht die Steuerungsmethodik zur Maximierung der Reserveleistung.

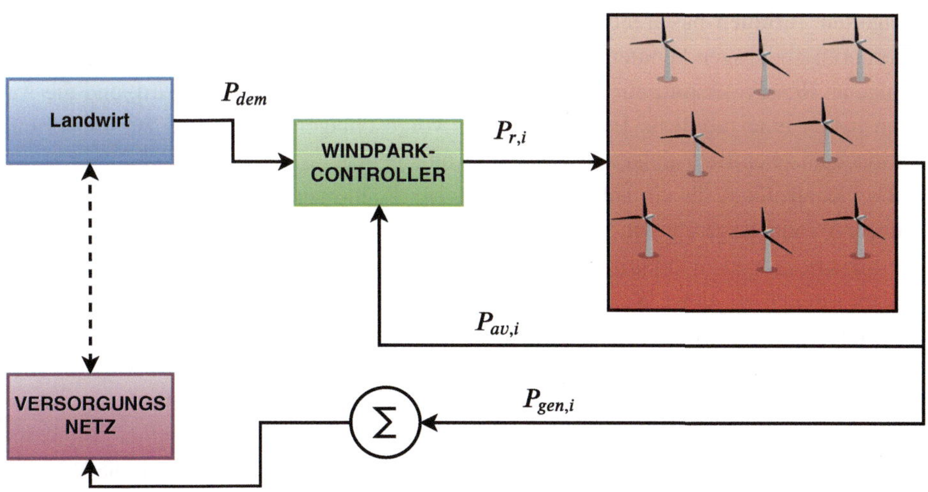

Abb. 1.8 Schematische Darstellung des Windkraftreglers zur Maximierung der Reserveleistung

Betrachten Sie ein Szenario, in dem die erzeugte Windleistung P_{gen} höher ist als die Leistungsnachfrage P_{dem}, in einem solchen Fall wird die verbleibende Leistung als Reserveleistung bezeichnet P_{res}. Die insgesamt verfügbare Leistung ist die Summe der von jeder Turbine erzeugten Windleistungen. In Anwesenheit von Windschatten sind die vorgelagerten Turbinen gezwungen, weniger Windleistung zu erzeugen, um die von den nachgelagerten Turbinen erfasste Leistung zu maximieren. Dies kann entweder durch Gieren oder Neigen einer vorgelagerten Windturbine erfolgen. Siniscalchi-Minna et al. diskutieren die Maximierung der Reserveleistung, ein lineares Programmierungsproblem (LPP) wird konstruiert, um den Unterschied zwischen der geforderten Leistung und der Sollwertreferenzleistung zu minimieren. Mathematisch kann dies ausgedrückt werden als

$$\min \ w^T \varepsilon \tag{1.11}$$

$$\text{subject to} \ \ P_{dem} = \sum_{i=1}^{N} P_{r,i}, \tag{1.12}$$

$$|P_{dem} - \sum_{j=1}^{N} P_{r,j}| \leq \varepsilon_i, \tag{1.13}$$

$$P_{min,i} \leq P_{r,i} \leq P_{av,i}, \tag{1.14}$$

wo $\varepsilon = [\varepsilon_1, \ldots, \varepsilon_N]^T$ und $w = [w_1, \ldots, w_N]^T$ die Gewichte sind und $P_{min,i}$ die minimale Leistungsbeitrag der ith Turbine darstellt, während $P_{r,i}$ der Referenzleistungssollwert für Turbinen ist. Um diese Methodik zu validieren, wird ein Windpark-Layout mit 12 Turbinen betrachtet und drei Fälle werden diskutiert. Die Ergebnisse zeigten, dass die nachgelagerten Turbinen basierend auf der vorgeschlagenen Strategie zur Reserveleistungsanforderung beitragen konnten. Darüber hinaus wurde beobachtet, dass eine signifikante Menge an Reserveleistung für verschiedene Windrichtungen optimiert wird, und die Autoren haben eine mögliche Erweiterung des vorgeschlagenen Schemas zur Bewertung der mechanischen Belastungen in Windparks angegeben.

Das Kontrollziel für ein solches dynamisches Phänomen beinhaltet die Verwendung genauer Windmessgeräte wie LIDAR. In den letzten Jahren hat der Einsatz von LIDAR zur Steuerung von Windturbinen sowie Windparks zugenommen. Windgeschwindigkeitsmessungen vor einer Windturbine können als Teil von Feedforward- oder Vorschaubasierten Reglern verwendet werden, um dynamische strukturelle Lasten, die durch turbulente Windbedingungen verursacht werden, zu mindern. Verschiedene Studien haben gezeigt, dass Verbesserungen der Turbinenlastleistung mit vorherigem Wissen über den ankommenden Windfluss erreicht werden können. Abb. 1.9 zeigt das Blockdiagramm der LIDAR-basierten Steuerung einer Windturbine. LIDAR erkennt die Windgeschwindigkeit im Voraus, was dem Regler hilft, entsprechend zu reagieren.

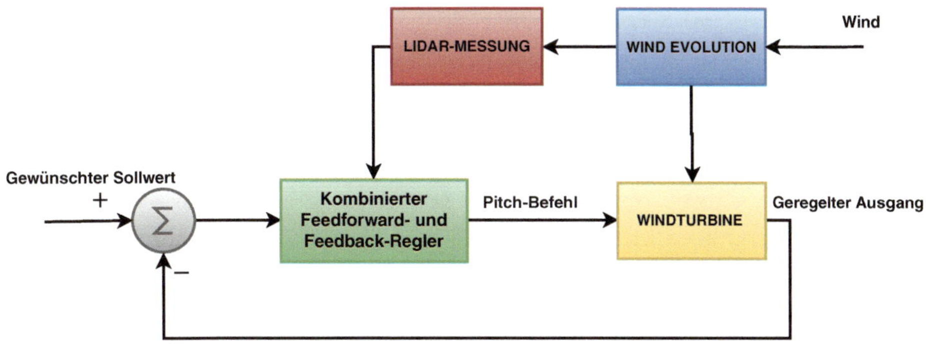

Abb. 1.9 Blockdiagramm, das die Verwendung von LIDAR in der Windturbinensteuerung zeigt

Kommerziell verfügbare LIDAR-Technologien umfassen kontinuierliche Wellen (CW) LIDAR und gepulste LIDAR. Ein LIDAR-System schätzt die Windgeschwindigkeitskomponente in radialer Richtung, die analog zur Freiströmungswindgeschwindigkeit ist v_0, unter der Annahme, dass die Windgeschwindigkeitskomponente in y- und z-Richtungen null ist. Da LIDAR auf dem Prinzip der Laserstrahlübertragung arbeitet, führt jede Änderung der Laserrichtung zu einem Richtungsfehler, der zu fehlerhaften Windgeschwindigkeitsmessungen beiträgt. Mathematisch wird die von LIDAR geschätzte Sichtliniengeschwindigkeit wie folgt angegeben

$$v_{los} = \sqrt{v_x^2 + v_y^2 + v_z^2} \cos \alpha_{los}, \tag{1.15}$$

wobei v_x, v_y, v_z die Windgeschwindigkeitskomponenten in x-, y-, z-Richtungen sind und α_{los} der Winkel ist, der zwischen dem LIDAR-Strahl und der ankommenden Windgeschwindigkeitskomponente gebildet wird. Unter der Annahme eines Null-Richtungsfehlers wird die LIDAR-Schätzung $\hat{v}_x$ der Windgeschwindigkeit wie folgt angegeben

$$\hat{v}_x = \frac{v_{los}}{\cos \alpha_{los}}. \tag{1.16}$$

Abb. 1.10 veranschaulicht die von LIDAR geschätzte Windgeschwindigkeit für verschiedene Sichtlinienwinkel. Es wird beobachtet, dass für $\alpha_{los} = 15°$ der Fehler bei der Windgeschwindigkeitsschätzung minimal ist und bei zunehmendem Sichtlinienwinkel signifikant zunimmt.

LIDAR-basierte Steuerung in Windparks steht seit einigen Jahren im Rampenlicht. Rezaei et al. haben eine Alternative zum klassischen Feedforward-Regler diskutiert [27]. Ein LIDAR-basierter Regler, der die Vorschau-Windgeschwindigkeitsmessung einbezieht, wird zur Regelung der Generatordrehzahl verwendet. Ein unsicheres Windgeschwindigkeitsmodell wird verwendet, das auf LIDAR-Messungen basiert. Numerische Simulationen werden in Anwesenheit von Unsicherheiten durchgeführt und

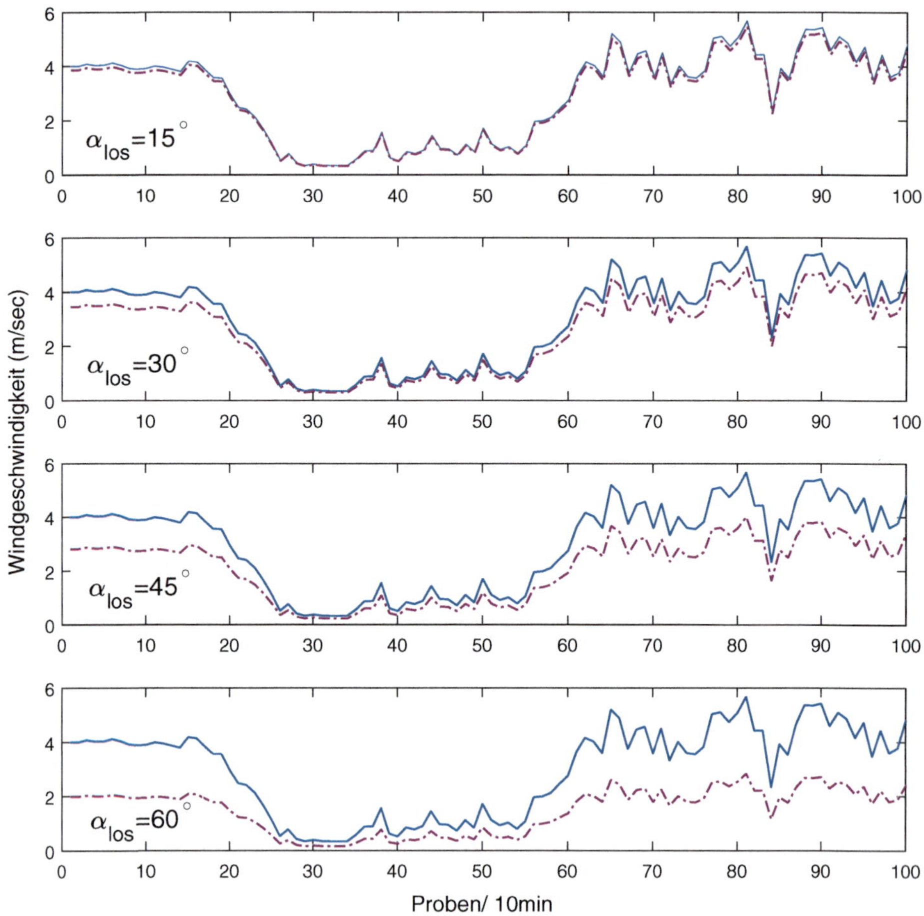

Abb. 1.10 LIDAR-Schätzung der Windgeschwindigkeit für verschiedene Sichtlinienwinkel. Die blaue Linie (durchgezogen) stellt die ankommende Windgeschwindigkeit dar und die violette (gestrichelt) die LIDAR-Schätzung

die Ergebnisse zeigen, dass die LIDAR-basierte Steuerung den CART3-Regler um 62 % in Bezug auf den quadratischen Mittelwertfehler bei der Drehzahlregelung übertrifft. Raach et al. haben eine geschlossene Regelungsmethode zur Wake-Steuerung beschrieben, um die LIDAR-Informationen für Windturbinen zu simulieren [25]. Das Wake-Zentrum für die vorgelagerte Windturbine wird geschätzt und gesteuert, um den gewünschten Gierwinkel zu erreichen. Die LIDAR-Daten werden auch im SOWFA-Simulator verwendet. Howland et al. haben eine standortspezifische Wake-Steuerung zur Maximierung der Leistung durchgeführt [15]. Um das Steuerungsschema statistisch zu validieren, wurde der Kolmogorov-Smirnov-Test mit der Nullhypothese durchgeführt, sodass die Leistungsproduktion des Basisreglers und die experimentelle Analyse der Giermessungen ähnliche Verteilungen aufweisen. Die Ergebnisse zeigen, dass der K-S-Test für den Windsektor 320° ± 5 unbedeutend und nur nützlich ist, wenn kleinere Bins zur Berechnung der durchschnittlichen Leistung verwendet werden. Bossanyi et al. haben die Möglichkeit einer kombinierten axialen Induktionssteuerung und Wake-Steuerung untersucht, um Leistungsverluste und Ermüdungslasten an Windturbinen in einem Windpark zu minimieren [4]. Ein schnelles Zeitbereichssimulationsmodell erfasst die dynamischen Effekte von Turbine und Wake, sodass Windparkregler unter zeitlich variierenden Bedingungen getestet werden können, um die Leistung des kombinierten Leistungs- und Gierreglers zu bewerten.

Vorwiegend sind die Verluste, die durch den Nachlauf entstehen, durch das maximale Geschwindigkeitsdefizit gekennzeichnet. Der räumliche Ort in Bezug auf die (x, y, z)-Koordinaten ist die Position im Nachlaufbereich, die dem maximalen Leistungsverlust entspricht, und dieser Punkt wird als Nachlaufzentrum bezeichnet. Die Verfolgung des Nachlaufzentrums wird von Cacciola et al. untersucht, wobei die Nabenlasten an der nachgelagerten Turbine verwendet werden, um Informationen über das Windgeschwindigkeitsdefizit und die horizontale Scherung zu sammeln [7]. Ein Minimierungsproblem wird verwendet, um das Nachlaufzentrum genau zu bestimmen, wobei die Naben-Sensoren Informationen mit guter Genauigkeit liefern. Die Einschränkung dieser Methode ist die Verwendung von Larsens Modell, das keine Gierfehlstellung umfasst. Barthelmie und Pryor haben einen automatisierten Algorithmus zur Charakterisierung des Nachlaufs diskutiert, um die Position des Nachlaufzentrums unter verschiedenen atmosphärischen Bedingungen des Tages zu identifizieren [2]. Die Position des Nachlaufzentrums wird mit einem Doppler-LIDAR für die Dauer der ersten 6 Monate des Jahres 2017 gemessen, und die Scans zeigen, dass sich diese Position während der Nacht ändert, wenn stabile atmosphärische Bedingungen tagsüber vorherrschen. Weiterhin wird ein wichtiger Aspekt der Leistungsmaximierung von Raach et al. untersucht, wobei die Autoren einen H_∞-Regler verwendet haben, um den Nachlaufstrom für die Gierwinkelsteuerung umzuleiten [26]. Das Systemidentifikationstoolbox wird verwendet, um verschiedene Anlagenmodelle zu identifizieren. Schließlich wird die Leistung des Reglers im geschlossenen Regelkreis unter verschiedenen atmosphärischen Bedingungen getestet.

1.4 Windturbinen-Mikro-Siting

Die Energieausbeute aus fossilen Brennstoffen ist begrenzt, wobei weltweit Umweltbedenken geäußert werden. Um dem entgegenzuwirken, werden alternative Energiequellen wie Solar-PV, Wind, Gezeiten, Biomasse, Geothermie und Wasserkraft bevorzugt. Das verborgene Potenzial der Windenergie wird am besten genutzt, wenn die Installation und Inbetriebnahme durch eine genaue Windressourcenbewertung ergänzt werden [10]. Schlüsselfaktoren, die die Energieausbeute eines Windstandorts beeinflussen, umfassen eine genaue Windgeschwindigkeitsmesskampagne, das lokale Gelände und die Zugänglichkeit zu Straßen und orografischen Bedingungen. Mit dem Aufkommen von LIDAR-basierten Messgeräten hat die Windressourcenbewertung (WRA) die jährliche Energieproduktion (AEP) eines Windparks erheblich verbessert. Oft stellen bei der Auswahl von Land für ein Windparkprojekt Einschränkungen in Form von Fläche, verbotenen Zonen, Investitionsgrenzen und Arbeitskräften Herausforderungen für einen Investor dar. Es sind jedoch verschiedene Softwarepakete verfügbar, die die Windressourcenbewertung zur Bestimmung der jährlichen Energieausbeute durchführen, wie in Abb. 1.11 dargestellt.

Das beliebteste Softwaretool ist WAsP, das auf Mikroströmungsanalyse basiert, um die Windressourcen für ein bestimmtes Gebiet zu bestimmen. WAsP ist jedoch nicht geeignet, um WRA in komplexem Gelände, das durch hügelige Gebiete gekennzeichnet ist, durchzuführen. Um dies zu bewältigen, ist eine neueste Version dieser Software auf Basis der CFD-Analyse verfügbar, die die Energieausbeute für komplexe Gelände berechnet. Andererseits basiert WindSim auf einem 3D-Navier-Stokes-Gleichungslöser, um die optimalen Standorte für Windturbinen zu bestimmen, die ein besseres Geschwindigkeitsprofil und weniger Turbulenzen bieten. Dieses Tool wird im Wesentlichen zur Leistungsmaximierung verwendet. MeteoDyn verwendet CFD-basierte Simulationen, um die Windressourcen im gegebenen Gebiet zu schätzen. Es verwendet das Katic-Modell zur Berechnung der Energieausbeute unter Nachlaufeffekt [19]. Windfarmer optimiert ein gegebenes Windpark-Layout für maximalen Return on Investment. CFD wird für den Nachlaufeffekt verwendet und zusätzlich bietet das Paket auch Studien zu Lärm und visuellen Auswirkungen von Turbinen in einem Windpark. Ebenso werden Openwind und WindPro zur Optimierung des Windpark-Layouts auf der Basis des Katic-Modells und zur Bestimmung der AEP verwendet. Es ist erwähnenswert, dass Openwind ein Tool zur Untersuchung des Schattenschlag-Effekts in Windturbinen bietet, der Turmabweichungen bei hohen Windgeschwindigkeiten verursacht.

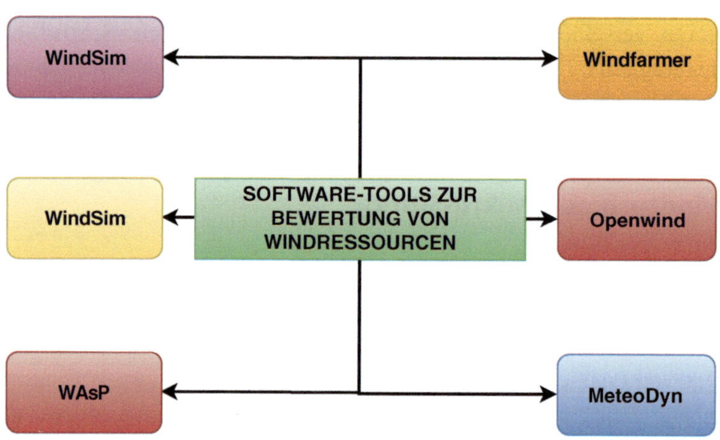

Abb. 1.11 Häufig verwendete Softwaretools zur Windressourcenbewertung

Es wird beobachtet, dass neben den oben genannten Schlüsselfaktoren die Anfangsinvestition eine wichtige Rolle bei der Gestaltung eines Windparks spielt. Bei Onshore-Windparks erhöhen die elektrische Infrastruktur in Form von Kabeln, Hilfsgeräten und Isolierung die Kosten des gesamten Projekts. Ebenso stellen bei Offshore-Windparks die Kosten für die Verlegung von Hochspannungs-Gleichstromkabeln eine Herausforderung dar. Daher muss für ein ordnungsgemäßes Windpark-Design, das darauf abzielt, maximale AEP mit minimalen Investitionskosten zu liefern, eine kanalisierte Platzierung der Windturbinen in einem gegebenen Gebiet erfolgen. Dieser Prozess der optimalen Turbinenplatzierung wird als Mikro-Siting bezeichnet.

Die Mikroplatzierung von Windturbinen wird durch ein aerodynamisches Phänomen namens Wake-Effekt bestimmt. Die Interaktionen zwischen Windturbinen in einem Windpark verschlechtern die Nettoenergieerfassung, und die daraus resultierenden Verluste sind enorm. Um die Wake-Interaktionen zu minimieren, werden Optimierungstechniken auf der Basis einer multiobjektiven Perspektive der Maximierung der Leistung und der Minimierung der Kosten gewählt. Frühe Arbeiten zur Mikroplatzierung wurden von Mosseti et al. [23] und Grady et al. [13] durchgeführt, die später zu Benchmark-Arbeiten für Forscher wurden, um ihre neuartigen Mikroplatzierungstechniken zu vergleichen. Mosseti et al. haben einen genetischen Algorithmus verwendet, um das optimale Layout eines Windparks zur Maximierung der Produktionskapazität zu bestimmen. Die Zielfunktion kann ausgedrückt werden als

$$\min_{N_T} \text{Obj} = \frac{1}{P_{farm}} w_1 + w_2 \frac{cost_{farm}}{P_{farm}}, \tag{1.17}$$

wobei P_{farm} und $cost_{farm}$ die gesamte Windparkleistung und die jährlichen Kosten darstellen, N_T die Gesamtzahl der Windturbinen in einem Windpark ist und w_1, w_2 die auf die Zielfunktion auferlegten Gewichte sind. Die Ausdrücke für P_{farm} und $cost_{farm}$ können ausgedrückt werden als

$$P_{farm} = T \sum_{i=1}^{N_s} \sum_{j=1}^{N_T} p(s_{ij}) \int_{u_{ci,j}}^{u_{co,j}} P_{WT}(u'_{ij}) p_{ij}(u'_{ij}) du \tag{1.18}$$

$$cost_{farm} = N_T \left(\frac{2}{3} + \frac{1}{3} e^{-0.00174 N_T^2} \right), \tag{1.19}$$

wobei T die Anzahl der Stunden in einem Jahr ist, N_s die Anzahl der Sektoren der Windrose sind, $u_{ci,j}$ und $u_{co,j}$ die Einschalt- und Abschaltwindgeschwindigkeit sind und $p(s_{ij})$ die Wahrscheinlichkeit des Auftretens von Wind in ith Richtung an der jth Turbine ist. Weiterhin haben Grady et al. einen genetischen Algorithmus implementiert, um das optimale Layout eines Windparks zu ermitteln, jedoch eine vereinfachte Zielfunktion der Form

$$\min \text{obj} = \frac{cost_{farm}}{P_{farm}}. \tag{1.20}$$

verwendet. Obwohl die von Mosetti et al. berichtete Effizienz höher ist als die von Grady et al., kann der genetische Algorithmus erfolgreich zur Optimierung des Layouts von Windparks verwendet werden. Mosetti et al. berücksichtigen nicht genügend Generationen, um die angestrebte Konvergenz zu erreichen. MirHassani et al. haben den Einfluss unsicherer Windbedingungen auf das optimale Layout eines Windparks berücksichtigt [21]. Eine gemischt-ganzzahlige lineare Programmierungstechnik (MILP-Technik) wird verwendet und Turbinen mit unterschiedlichen Nabenhöhen werden berücksichtigt. Die Ergebnisse zeigen, dass im Vergleich zu Chen et al. [8] die Steigerung der Energieproduktion etwa 3,1 % beträgt.

1.5 Hybride Windparks: Paradigmen und Herausforderungen

Moderne Stromnetze arbeiten nach dem Konzept der hybriden Verbindung, bei dem mehrere Energiequellen ihre Leistung zum Punkt der gemeinsamen Kopplung beitragen. Da erneuerbare Energiequellen (EEQ) von Tag zu Tag beliebter werden, wurden Wind- und Solartechnologien in großen Mengen installiert, um den Energiebedarf entlegener und ländlicher Gebiete zu decken. Das Wesen eines hybriden erneuerbaren Energiesystems beruht auf der Lastanforderung, die stochastischer Natur ist. Betrachten Sie ein Hybridsystem, das aus Wind-, Solar- und Batteriespeichern besteht. Wenn die Lastanforderung gering ist, wird überschüssige Energie aus Wind und Sonne genutzt, um das Batteriesystem aufzuladen, ohne die Ladezustandsgrenzen der Batterie zu verletzen. Falls die Lastanforderung höher ist als die kombinierte Erzeugung von Wind und Sonne, wird die in der Batterie gespeicherte Energie verwendet, um das Defizit auszugleichen.

Hybride erneuerbare Energiesysteme bestehen typischerweise aus Batteriespeichern, um Ereignisse von Leistungsdefiziten zu bewältigen. Im vorliegenden Kontext konzentriert sich das Konzept hybrider Windparks insbesondere auf Multi-Windparks, die bei Leistungsdefiziten oder -überschüssen miteinander interagieren. Die Entscheidungsfindung und Steuerung solcher hybrider Windparks, die mit BESS ausgestattet sind, ist eine herausfordernde Aufgabe. Hybride Windparks arbeiten mit Windressourcen, die variabel sind und genaue Vorhersagetechniken erfordern. Eine genaue Windvorhersagetechnik gewährleistet die Zuverlässigkeit der Stromversorgung des Netzes und verringert die Belastung des BESS. Für einen Windparkbetreiber ist das Hauptziel, die Stromerzeugung des Windparks zu maximieren und die mechanischen Belastungen bei turbulenten Bedingungen zu minimieren. Die in diesem Buch bewerteten Entscheidungstechniken basieren auf einer Reihe von Alternativen, die darauf abzielen, die Strafe zu minimieren, die einem Windparkbetreiber auferlegt wird. Es wird eine Multi-Windpark-Topologie ausgewählt, bei der die Entscheidung getroffen werden muss, die beste Strategie für den hybriden Betrieb des Windparks zu wählen. Abb. 1.12 zeigt ein schematisches Diagramm eines hybriden erneuerbaren Energiesystems, das AC-Lasten versorgt.

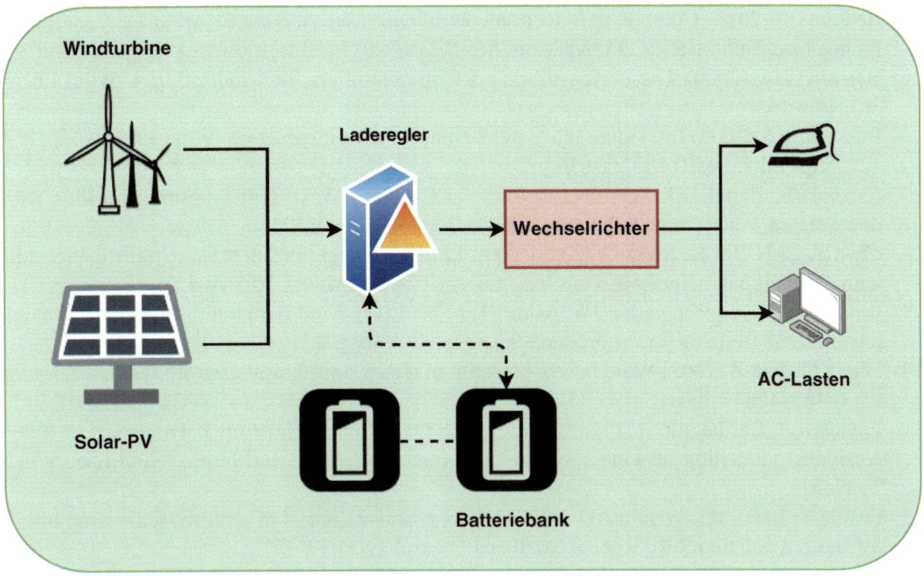

Abb. 1.12 Hybrides erneuerbares Energiesystem

Die Steuerungsaspekte für einen hybriden Windpark basieren auf Methoden, die ihrerseits auf Pitch- und Gierwinkel basieren, wobei der Regler darauf abzielt, die Stromerzeugung eines Windparks zu maximieren. Im vorliegenden Kontext wird ein hybrider Windpark betrachtet, dessen Ziel es ist, die Wake-Effekte zu managen. Steuerungsorientierte Techniken, die auf präzisen Windgeschwindigkeitsmessungen basieren, haben drei verschiedene Arten von Windparklayouts durchgeführt. Adaptive PI-Regelung und klassische PI-Regelungsmethoden werden angewendet und LIDAR-Simulationen werden verwendet, um den Wake-Flow hinter der vorgelagerten Turbine in einem Windpark zu verfolgen. Die potenzielle Leistungsmaximierungsfähigkeit von Windparks wird basierend auf der durch den Regler erreichten Gierkorrektur bewertet. Darüber hinaus werden für BESS die Betriebskosten sowie deren Lebensdauer unter verschiedenen Wake-Szenarien analysiert.

Literatur

1. Ainslie J (1988) Calculating the flowfield in the wake of wind turbines. J Wind Eng Ind Aerodyn 27(1–3):213–224
2. Barthelmie RJ, Pryor SC (2019) Automated wind turbine wake characterization in complex terrain. Atmos Meas Tech Discuss, 1–31
3. Bastankhah M, Porté-Agel F (2014) A new analytical model for wind-turbine wakes. Renew Energy 70:116–123

4. Bossanyi E (2018) Combining induction control and wake steering for wind farm energy and fatigue loads optimisation. J Phys: Conf Ser 1037:032011
5. Bossanyi EA (2000) The design of closed loop controllers for wind turbines. Wind Energy 3(3):149–163
6. Bossanyi EA (2003) Individual blade pitch control for load reduction. Wind Energy 6(2):119–128. https://doi.org/10.1002/we.76
7. Cacciola S, Bertelè M, Schreiber J, Bottasso C (2016) Wake center position tracking using downstream wind turbine hub loads. J Phys: Conf Ser 753:032036
8. Chen Y, Li H, Jin K, Song Q (2013) Wind farm layout optimization using genetic algorithm with different hub height wind turbines. Energy Convers Manag 70:56–65
9. van Dijk MT, van Wingerden JW, Ashuri T, Li Y (2017) Wind farm multi-objective wake redirection for optimizing power production and loads. Energy 121:561–569
10. Durak M, Şen Z (2002) Wind power potential in turkey and akhisar case study. Renew Energy 25(3):463–472
11. Frandsen S, Barthelmie R, Pryor S, Rathmann O, Larsen S, Højstrup J, Thøgersen M (2006) Analytical modelling of wind speed deficit in large offshore wind farms. Wind Energy 9(1–2):39–53
12. Frost SA, Balas MJ, Wright AD (2009) Direct adaptive control of a utility-scale wind turbine for speed regulation. Int J Robust Nonlinear Control 19(1):59–71
13. Grady S, Hussaini M, Abdullah M (2005) Placement of wind turbines using genetic algorithms. Renew Energy 30(2):259–270
14. Hippe P (2006) Windup in control. Springer, Berlin
15. Howland MF, Lele SK, Dabiri JO (2019) Wind farm power optimization through wake steering. Proc Natl Acad Sci 116(29):14495–14500
16. Jensen N (1983) A note on wind generator interaction
17. Johnson KE, Pao LY, Balas MJ, Fingersh LJ (2006) Control of variable-speed wind turbines: standard and adaptive techniques for maximizing energy capture. IEEE Control Syst 26(3):70–81
18. Kanev S, Savenije F, Engels W (2018) Active wake control: an approach to optimize the lifetime operation of wind farms. Wind Energy 21(7):488–501
19. Katic I, Højstrup J, Jensen N (1987) A simple model for cluster efficiency, A. Raguzzi, pp 407–410
20. Laursen TK, Sivabalan S, Borchersen AB, Larsen JA (2014) Wake-effect minimising optimal control of wind farms, with load reduction. IFAC Proc Vol 47(3):6770–6775
21. MirHassani S, Yarahmadi A (2017) Wind farm layout optimization under uncertainty. Renew Energy 107:288–297
22. Moradi H, Vossoughi G (2015) Robust control of the variable speed wind turbines in the presence of uncertainties: a comparison between H_∞ and PID controllers. Energy 90:1508–1521
23. Mosetti G, Poloni C, Diviacco B (1994) Optimization of wind turbine positioning in large windfarms by means of a genetic algorithm. J Wind Eng Ind Aerodyn 51(1):105–116
24. Nikolić V, Shamshirband S, Petković D, Mohammadi K, Ćojbašić Ž, Altameem TA, Gani A (2015) Wind wake influence estimation on energy production of wind farm by adaptive neuro-fuzzy methodology. Energy 80:361–372
25. Raach S, Schlipf D, Cheng PW (2016) Lidar-based wake tracking for closed-loop wind farm control. J Phys: Conf Ser 753:052009
26. Raach S, van Wingerden JW, Boersma S, Schlipf D, Cheng PW (2017) $\mathscr{H}_\infty$ controller design for closed-loop wake redirection. In: 2017 American control conference (ACC). IEEE
27. Rezaei V (2014) LIDAR-based robust wind-scheduled control of wind turbines. In: 2014 American control conference. IEEE

28. Schlipf D, Schlipf DJ, Kühn M (2012) Nonlinear model predictive control of wind turbines using LIDAR. Wind Energy 16(7):1107–1129
29. Selvam K, Kanev S, van Wingerden JW, van Engelen T, Verhaegen M (2009) Feedback-feedforward individual pitch control for wind turbine load reduction. Int J Robust Nonlinear Control 19(1):72–91
30. Siniscalchi-Minna S, Bianchi FD, De-Prada-Gil M, Ocampo-Martinez C (2019) A wind farm control strategy for power reserve maximization. Renew Energy 131:37–44

2 Mehrkriterielle Entscheidungsfindung: Ein Überblick

Die Entscheidungsfindung im Alltag ist eine gängige menschliche Praxis, die im Wesentlichen erfordert, dass man die beste Alternative unter vielen auswählt. Die moderne Entscheidungsfindung hat sich im Laufe der Jahre weiterentwickelt, wobei frühe Entwicklungen den Ansatz der Multi-Objektiv-Optimierung im Bereich der Operations Research behandelten. Der Ursprung der Entscheidungsfindung wird von Benjamin Franklin anhand seiner Arbeit zur moralischen Algebra anschaulich erklärt. Er gibt ein Beispiel für seine Haltung zu einem wichtigen Thema, bei dem er Argumente, die seine Ansichten unterstützen, und Argumente, die dies nicht tun, aufschreibt. Basierend auf seinem eigenen Verständnis streicht er die Argumente durch, die gleich wichtig sind. Sobald er einen Punkt erreicht, an dem alle Argumente auf einer Seite durchgestrichen sind, wählt er die Seite mit den verbleibenden Argumenten. Diese Anekdote beschreibt die Bedeutung von Gewichtungen im Entscheidungsprozess. Seit den 1950er-Jahren wird die Multi-Kriterien-Entscheidungsfindung (MCDM) aktiv von theoretischen und angewandten Wissenschaftlern praktiziert, um die potenzielle Fähigkeit der mathematischen Modellierung von Entscheidungsproblemen zu testen.

Abb. 2.1 veranschaulicht die Schwerpunktsanwendungen von MCDM.

Ähnlich wie bei MCDM wird auch der Multi-Objektiv-Optimierungsansatz, der ein Optimierungsproblem mit mehreren Zielen modelliert, zur Lösung von Echtzeitszenarien eingesetzt. Solche Szenarien werden oft durch Einschränkungen bestimmt, die die Skaleneffekte widerspiegeln. Im Bereich der Finanzen und Wirtschaft wird MCDM häufig verwendet, um Entscheidungen im Zusammenhang mit Investitionen zu treffen, bei denen neben finanziellen Variablen auch immaterielle Variablen wie soziale, kulturelle und politische Auswirkungen berücksichtigt werden müssen [6]. Hallerbach et al. diskutierten die Relevanz von MCDM-Methoden im Finanzsektor, bei denen das Ziel des Unternehmensmanagements darin besteht, die durch Investitionen verschiedener Aktionäre erzielten Gewinne zu maximieren [8]. In der Regel hat ein Unternehmen mehr als

H. Dhiman und D. Deb, *Entscheidung und Steuerung in hybriden Windparks*,
https://doi.org/10.1007/978-981-97-8339-7_2

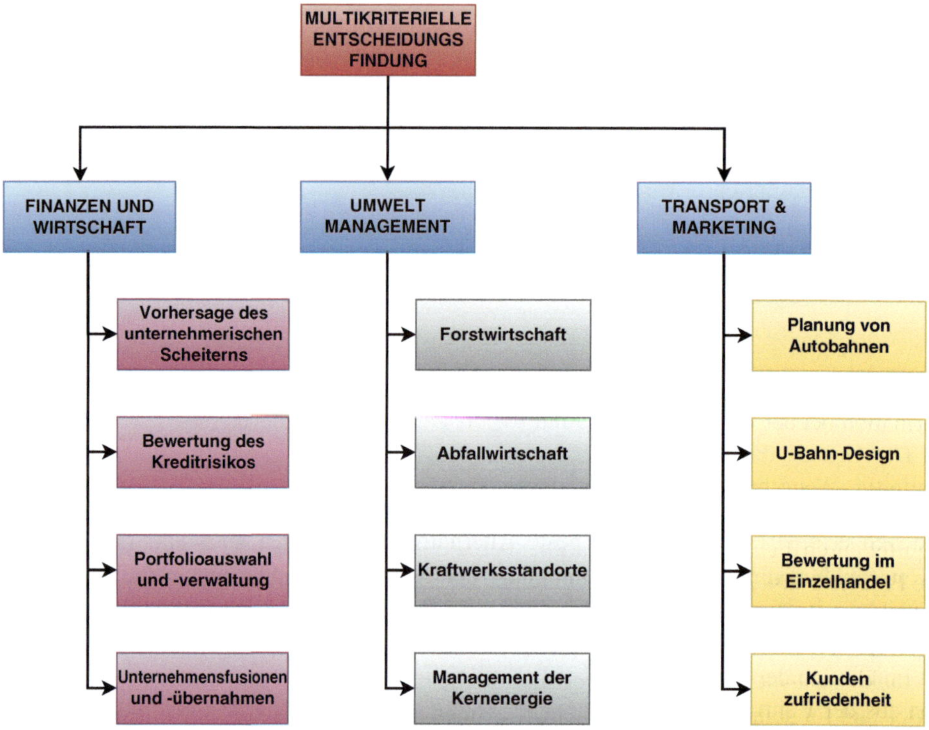

Abb. 2.1 Anwendungen der Multi-Kriterien-Entscheidungsfindung

einen Aktionär, der das Hauptziel festlegt. Mit dem gemeinsamen Ziel der Vermögensmaximierung unter Berücksichtigung von Einschränkungen sind die durch MCDM-Methoden im Finanzsektor gebotenen Möglichkeiten enorm.

2.1 Terminologien im Zusammenhang mit MCDM

Bei einem Multi-Kriterien-Entscheidungsprozess werden mehrere Terminologien verwendet, die den Weg zur Entscheidung beschreiben. Ein MCDM-Ansatz wird häufig im Bereich der Lieferantenauswahl, im Bereich der erneuerbaren Energien und bei der Auswahl von Fertigungsmaterialien verwendet. Im Folgenden sind die im MCDM-Prozess verwendeten Terminologien aufgeführt:

- Alternative: Eine Alternative kann als eine „Wahl" beschrieben werden, die ein Entscheidungsträger treffen muss, um den besten Aktionsplan zu finden, der letztendlich das entworfene Rahmenwerk unterstützt. Alternativen können in greifbarer und immaterieller Form vorliegen. Zum Beispiel kann bei einem Lieferantenauswahlproblem die Alternative in einer Liste von Lieferanten mit unterschiedlicher Art von Material/ Produkt unter Untersuchung bestehen.

- Entscheidungskriterien oder Attribute: Kriterien beziehen sich auf eine greifbare oder immaterielle Einheit, die das Ergebnis des Entscheidungsprozesses direkt beeinflusst. In einem MCDM-Problem kann es mehrere Kriterien geben, von denen jedes seine Bedeutung in Form von Gewichtungen hervorhebt.
- Kriteriengewicht: Es bezieht sich auf einen quantitativen numerischen Wert, der jedem Kriterium zugewiesen wird, um den Entscheidungsprozess zu unterstützen und nützliche und nicht nützliche Kriterien zu straffen.

2.2 MCDM: Materialien und Methoden

Der MCDM-Ansatz hilft den Entscheidungsträgern bei der Identifizierung der besten Alternative aus einer Reihe plausibler Kriterien. Eine $m \times n$ Matrix wird mit einem Matrixelement identifiziert, sagen wir h_{ij}, sodass

$$
\begin{array}{cc}
 & \begin{array}{cccc} C_1 & C_2 & \ldots & C_n \end{array} \\
H = & \begin{pmatrix} h_{11} & h_{12} & \ldots & h_{1j} \\ h_{21} & h_{22} & \ldots & h_{2j} \\ \vdots & \vdots & & \vdots \\ h_{i1} & \ldots & \ldots & h_{ij} \end{pmatrix} \begin{array}{c} A_1 \\ A_2 \\ \vdots \\ A_m \end{array}
\end{array}
$$

eine Leistungsbewertung beschreibt, die eine semantische Beziehung zwischen der Alternative $i = 1, 2, \ldots, m$ in Bezug auf die Kriterien $j = 1, 2, \ldots, n$ beschreibt.

Abb. 2.2 veranschaulicht ein generisches Flussdiagramm zur Herangehensweise an ein gegebenes MCDM-Problem.

Wir diskutieren nun das Entscheidungsproblem anhand von sechs Methoden: (i) einfache additive Gewichtung (SAW), (ii) Technik zur Ordnung der Präferenz durch Ähnlichkeit mit der idealen Lösung (TOPSIS), (iii) komplexe proportionale Bewertung (COPRAS), (iv) analytischer hierarchischer Prozess, (v) ELECTRE- und (vi) PROMETHEE-Methoden, wie in Abb. 2.3 dargestellt.

2.2.1 Einfache additive Gewichtungsmethode (SAW)

Hwang et al. stellten 1981 diese Methode vor, indem sie jeder Leistungsbewertung der Alternative A_i ein spezifisches Gewicht w_i zuwiesen, um eine gewichtete Summe aller Kriterien für eine Alternative zu erhalten [9]. Die beteiligten Schritte sind in diesem Flussdiagramm (Abb. 2.4) aufgezählt.

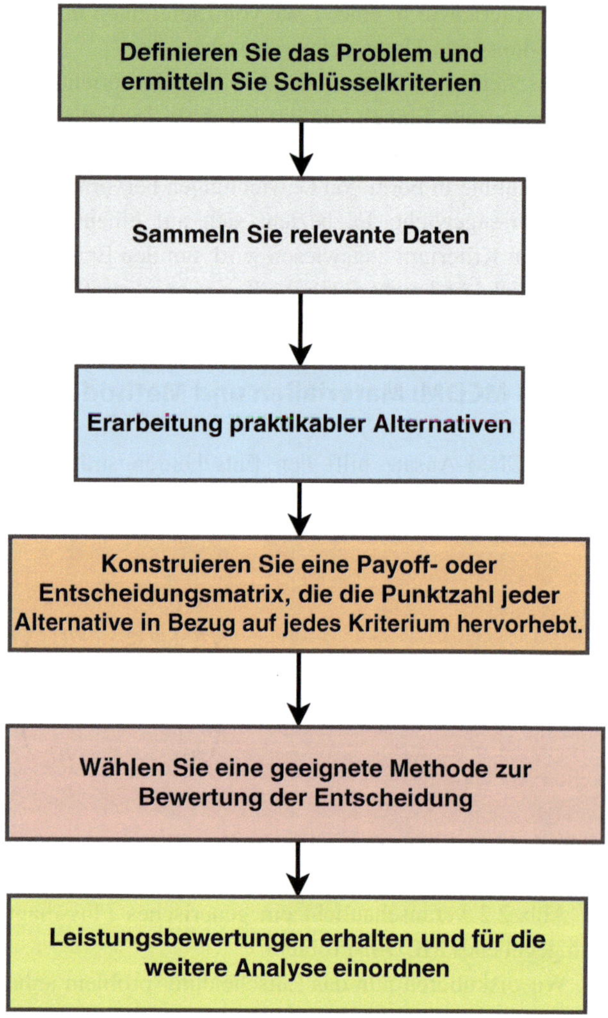

Abb. 2.2 Generisches Flussdiagramm für die Multi-Kriterien-Entscheidungsfindung

Das schrittweise Verfahren wird wie folgt beschrieben:

- Schritt 1: Identifizieren Sie die Alternativen $(A_1, A_2, \ldots, A_m)$ und Kriterien ($C_1, C_2, \ldots, C_n$).
- Schritt 2: Entwickeln Sie eine normalisierte Entscheidungsmatrix:

$$\hat{H}_{ij} = \frac{\min h_{ij}}{h_{ij}} \quad i = 1, 2, \ldots, m;\ j = 1, 2, \ldots, n, \tag{2.1}$$

$$\hat{H}_{ij} = \frac{h_{ij}}{\max h_{ij}} \quad i = 1, 2, \ldots, m;\ j = 1, 2, \ldots, n, \tag{2.2}$$

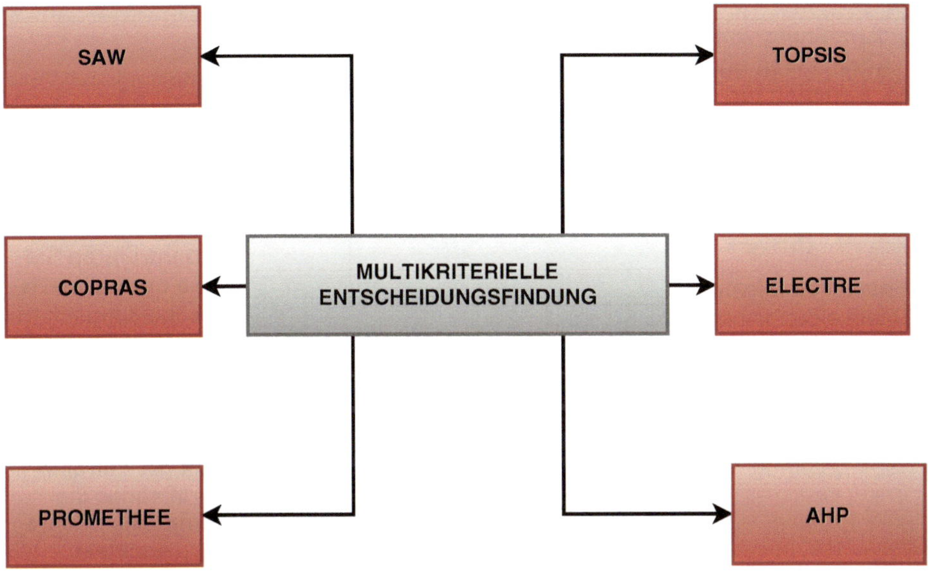

Abb. 2.3 Häufig verwendete Multi-Kriterien-Entscheidungstechniken

wobei (2.1) für nicht vorteilhafte Kriterien und (2.2) für vorteilhafte Kriterien verwendet wird.

- Schritt 3: Finden Sie für jedes Kriterium die Entropie e_j und die Divergenzwerte d_j:

$$e_j = -\frac{1}{\log m} \sum_{i=1}^{m} \hat{H}_{ij} \log(\hat{H}_{ij}), \quad d_j = |1 - e_j|, \quad j = 1, 2, \ldots, n. \tag{2.3}$$

- Schritt 4: Bestimmen Sie die Gewichte für das jeweilige Kriterium:

$$w_j = \frac{d_j}{\sum_{j=1}^{n} d_j}. \tag{2.4}$$

- Schritt 5: Berechnen Sie schließlich die Prioritätsbewertung für jede Alternative und ordnen Sie sie nach höchster Priorität:

$$S_i = \sum_{j=1}^{n} w_j h_{ij}. \tag{2.5}$$

Um die SAW-Methode zu demonstrieren, betrachten wir ein Beispiel der Autowahl basierend auf qualitativen Kriterien, die quantitative Gewichte erhalten. Betrachten Sie fünf Automobile, nämlich Jeep Compass, MG Hector, Kia Seltos, Tata Harrier und Hyundai

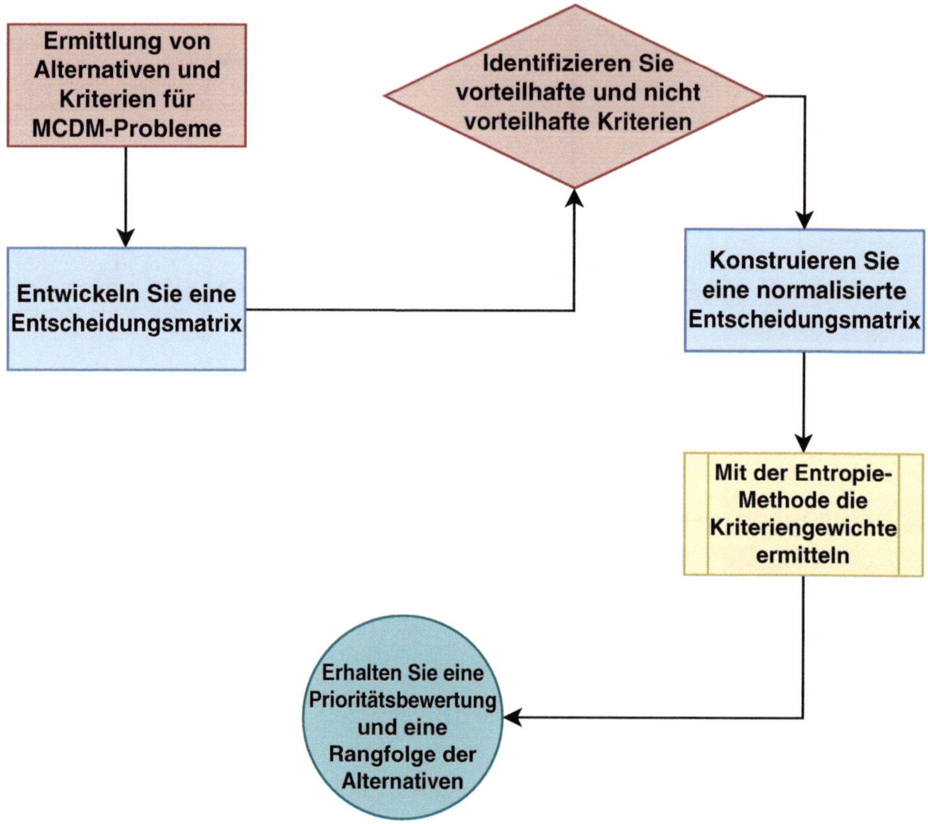

Abb. 2.4 Flussdiagramm für einfache additive Gewichtung

Creta. Diese Automobile werden nach Kriterien wie Stil, Lebensdauer, Kraftstoffverbrauch und Kosten bewertet. Von diesen ist das Kostenkriterium ein nicht vorteilhaftes Kriterium. Basierend auf einer Umfrage, die von einem Autoexperten durchgeführt wurde, wird eine Entscheidungsmatrix H_{ij} erstellt, die wie folgt gegeben ist

$$H = \begin{array}{c} \text{Style Lifespan Fuel economy Cost} \\ \begin{pmatrix} 7 & 5 & 5 & 4 \\ 9.5 & 8 & 6 & 6 \\ 10 & 7 & 6 & 6 \\ 9 & 7.5 & 6 & 7 \\ 5 & 7 & 6.5 & 4 \end{pmatrix} \end{array} \begin{array}{l} \\ \text{Jeep Compass} \\ \text{MG Hector} \\ \text{Kia Seltos} \\ \text{Tata Harrier} \\ \text{Hyundai Creta.} \end{array}$$

Weiterhin wird auf der Basis von (2.1) und (2.2) eine normalisierte Entscheidungsmatrix erhalten als

$$\hat{H} = \begin{pmatrix} 0.7000 & 0.6250 & 0.7692 & 0.5714 \\ 0.9500 & 1.0000 & 0.9231 & 0.8571 \\ 1.0000 & 0.8750 & 0.9231 & 0.8571 \\ 0.9000 & 0.9375 & 0.9231 & 1.0000 \\ 0.5000 & 0.8750 & 1.0000 & 0.5714 \end{pmatrix}.$$

Als Nächstes bestimmen wir die Kriteriengewichte mit der Entropiemethode, wie in (2.3)–(2.4) beschrieben, und diese sind gegeben als $w = \{0{,}2299, 0{,}2700, 0{,}3135, 0{,}1865\}$. Die Leistungspunkte werden unter Verwendung von (2.5) bestimmt und sind in Tab. 2.1 dargestellt.

Das bevorzugteste Automobil ist MG Hector, gefolgt von Tata Harrier, Kia Seltos, Hyundai Creta und Jeep Compass. Es ist daher möglich, eine potenzielle Wahl auf der Basis eines mathematischen Modells zu treffen.

2.2.2 Technik zur Reihenfolge der Präferenz nach Ähnlichkeit zur idealen Lösung

Die Technik zur Reihenfolge der Präferenz nach Ähnlichkeit zur idealen Lösung (TOPSIS) ermittelt die ideale Wahl, indem sie die kürzeste euklidische Distanz zur positiven idealen Lösung und die längste Distanz zur negativen idealen Lösung bestimmt [5]. Lourenzutti et al. haben eine Methode identifiziert, um die von mehreren Entscheidungsträgern berücksichtigten Faktoren zu integrieren, und dieselbe wurde für drei verschiedene Fälle getestet [11]. Yang et al. diskutierten TOPSIS- und Shanon-Entropiemethoden zur Bewertung der Hochwasseranfälligkeit für die Provinz Hainan in China [14]. Verschiedene Hochwasseranfälligkeitsindikatoren werden mit der TOPSIS-Methode bewertet, und der nicht homogenen Natur der Indikatoren wird durch die Shanon-Entropiemethode entgegnet. Die Werte des Anfälligkeitsindex werden unter Verwendung eines hydrodynamischen Modells berechnet. In Bezug auf die Auswahl des Staudammstandorts präsentierten Balioti et al. eine Methode auf AHP-Basis, um die Kriteriengewichte zu finden, und TOPSIS als Methode, um den besten Standort in Griechenland zu finden [1]. Insgesamt werden fünf Entwürfe für Überläufe unter

Tab. 2.1 Leistungspunkte basierend auf der SAW-Methode

Alternative	Leistungspunkt	Rang
Jeep Compass	0,6775	5
MG Hector	0,9377	1
Kia Seltos	0,9155	3
Tata Harrier	0,9360	2
Hyundai Creta	0,7714	4

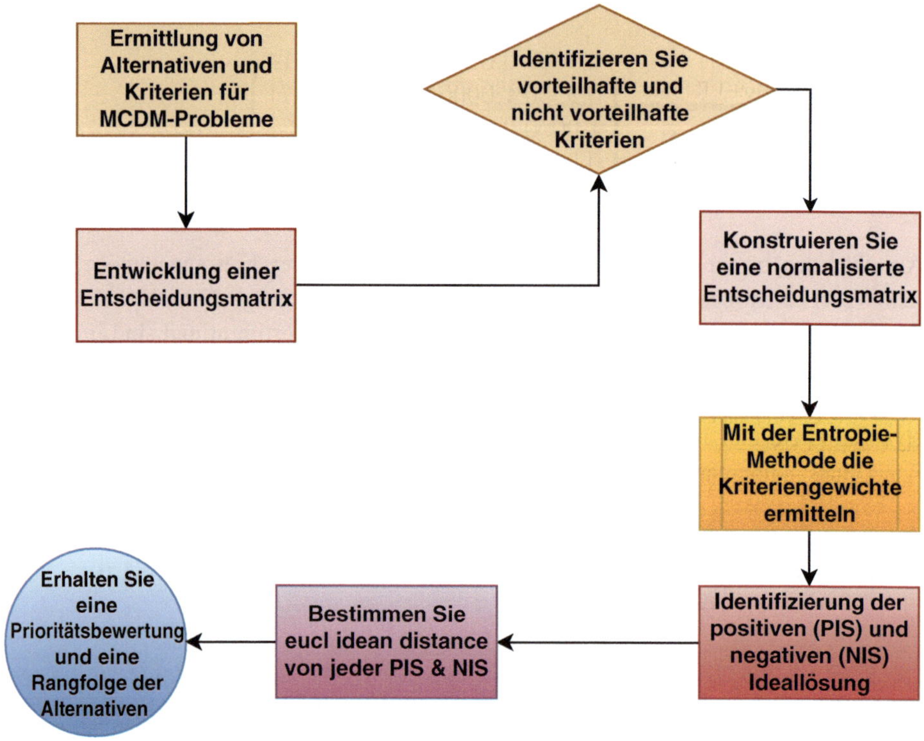

Abb. 2.5 Flussdiagramm für die TOPSIS-Methode

Berücksichtigung von neun Kriterien bewertet. Abb. 2.5 zeigt ein Flussdiagramm, das die Schritte für die TOPSIS-Methode hervorhebt.

Die folgenden Schritte werden zur Bestimmung der Prioritätspunkte verwendet:

- Folgen Sie den Schritten 1–2 wie im Fall der SAW-Methode.
- Erstellen Sie eine normalisierte Entscheidungsmatrix mit ihren Elementen als

$$\hat{H}_{ij} = \frac{h_{ij}}{\sqrt{\sum_{j=1}^{n} h_{ij}^2}} \quad i = 1, \ldots, m;\ j = 1, \ldots, n. \tag{2.6}$$

- Erstellen Sie eine gewichtete normalisierte Matrix unter Verwendung der Gewichte für jedes Kriterium:

$$\hat{h} = w_j H_{ij} \quad i = 1, \ldots, m;\ j = 1, \ldots, n. \tag{2.7}$$

- Identifizieren Sie positive und negative ideale Lösungen S^+ und S^-, jeweils als

$$S_j^+ = \{(\max h_{ij} | j \in t);\ (\min h_{ij} | j \in n - t) | i = 1, 2, \ldots, m\}, \tag{2.8}$$

$$S_j^- = \{(\min h_{ij} | j \in t); (\max h_{ij} | j \in n - t) | i = 1, 2, \ldots, m\}, \tag{2.9}$$

wobei t und $n - t$ die Anzahl der vorteilhaften und nicht vorteilhaften Kriterien darstellen.

- Bewerten Sie die relative Nähe jeder Alternative von den p-Norm-euklidischen Distanzen D_i^+ und D_i^-, und ordnen Sie in absteigender Reihenfolge:

$$G_i = \frac{D_i^-}{D_i^- + D_i^+} \quad i = 1, \ldots, m;\ 0 \leq G_i \leq 1, \tag{2.10}$$

$$D_i^+ = \left\{ \sum_{j=1}^{n} \left(\hat{h}_{ij} - S_j^+ \right)^p \right\}^{1/p},\ D_i^- = \left\{ \sum_{j=1}^{n} \left(\hat{h}_{ij} - S_j^- \right)^p \right\}^{1/p}, j = 1, \ldots, n. \tag{2.11}$$

Die TOPSIS-Methode wird für dasselbe Beispiel getestet wie die SAW-Methode. Die normalisierte Entscheidungsmatrix basierend auf (2.6) wird wie folgt angegeben

$$\hat{H} = \begin{pmatrix} 0.3767 & 0.3206 & 0.3777 & 0.3234 \\ 0.5113 & 0.5129 & 0.4532 & 0.4851 \\ 0.5382 & 0.4488 & 0.4532 & 0.4851 \\ 0.4844 & 0.4809 & 0.4532 & 0.5659 \\ 0.2691 & 0.4488 & 0.4910 & 0.3234 \end{pmatrix}. \tag{2.12}$$

Nach der Berechnung der normalisierten Entscheidungsmatrix werden die Kriteriengewichte berechnet, die ihre relative Bedeutung gegenüber anderen hervorheben. Basierend auf der Entropiemethode, die in der SAW-Methode verwendet wird, werden die Gewichte wie folgt angegeben

$$w = \{0{,}2186, 0{,}2654, 0{,}2885, 0{,}2275\}. \tag{2.13}$$

Als Nächstes bewerten wir die positiven und negativen idealen Lösungen. Eine positive ideale Lösung (PIS) unterstützt eine bestimmte Alternative, während die negative ideale Lösung (NIS) einen Einblick in die schlechteste mögliche Alternative gibt. Unter Verwendung von (2.8), (2.9) sind die PIS und NIS

$$S^+ = \{0{,}1177, 0{,}1361, 0{,}1416, 0{,}0736\},\ S^- = \{0{,}0588, 0{,}0851, 0{,}1090, 0{,}1287\}.$$

Wir finden die Distanzen D^+, D^- auf der Basis von (2.11), und da es sich um eine p-Norm-Distanz handelt, dürfen nur positive ganzzahlige Werte gesetzt werden. Die Distanzen werden wie folgt angegeben

$$D^+ = \{0{,}0025, 0{,}0008, 0{,}0009, 0{,}0017, 0{,}0019\},$$
$$D^- = \{0{,}0018, 0{,}0031, 0{,}0027, 0{,}0023, 0{,}0026\}.$$

Schließlich berechnen wir die Prioritäts- oder Leistungspunkte für jede Alternative unter Verwendung von (2.10). Die Prioritätspunkte zeigen die beste und schlechteste Wahl an, die ausschließlich auf den Elementwerten der vom Entscheidungsträger gewählten Entscheidungsmatrix basieren. Die Prioritätspunkte sind unten aufgeführt (Tab. 2.2).

Aus der Analyse der TOPSIS- und SAW-Methode beobachten wir, dass der Jeep Compass angesichts der verwendeten Kriterien immer noch die am wenigsten bevorzugte Wahl für ein Automobil bleibt.

2.2.3 Komplexe proportionale Bewertungsmethode (COPRAS)

Die komplexe proportionale Bewertungsmethode (COPRAS) beinhaltet einen schrittweisen Ranking-Prozess, um die Leistung jeder Alternative unter Berücksichtigung verschiedener Konfliktsituationen zu ermitteln. Zolfani et al. setzten COPRAS und AHP ein, um das Problem der Auswahl eines Qualitätskontrollmanagers mit Wissen, Erfahrung und Bildungshintergrund als Schlüsselfaktoren zu lösen [15]. Bhowmik et al. diskutierten das Problem der Auswahl einer geeigneten grünen Energiequelle für Tripura, Indien, basierend auf der entropiebasierten COPRAS-Methode [3]. Mögliche Alternativen wie Solar, Wasser, Biogas und Biomasse werden zusammen mit einer Reihe von vorteilhaften und nicht vorteilhaften Kriterien ausgewählt. Die folgenden Schritte sind für die COPRAS-Methode erforderlich:

- Die Entscheidungsmatrix wird entweder basierend auf einer Umfrage oder einem Fragebogen erstellt.
- Erstellen Sie die normalisierte Entscheidungsmatrix und ermitteln Sie die Gewichte auf der Basis der Entropiemethode, wie für die TOPSIS-Methode besprochen.
- Bestimmen Sie die gewichtete normalisierte Matrix $\hat{H}_{ij}$ unter Verwendung von (2.6).
- Bestimmen Sie die aggregierten gewichteten Scores für vorteilhafte und nicht vorteilhafte Kriterien:

$$R_i^+ = \sum_{j=1}^{q} \hat{h}_{ij},\ R_i^- = \sum_{j=q+1}^{n} \hat{h}_{ij} \mid i = 1, 2, \ldots, m, \tag{2.14}$$

wobei q die Anzahl der vorteilhaften Kriterien darstellt und $n - q$ die Anzahl der nicht vorteilhaften Kriterien darstellt.

Tab. 2.2 Leistungspunkte basierend auf der TOPSIS-Methode für das Autowahlproblem

Alternative	Leistungspunkt	Rang
Jeep Compass	0,4223	5
MG Hector	0,8051	1
Kia Seltos	0,7552	2
Tata Harrier	0,5716	4
Hyundai Creta	0,5842	3

- Bestimmen Sie die relativen Prioritäten für jede Alternative als

$$U_i = R_i^+ + \frac{\sum_{i=1}^{m} R_i^+}{R_i^- \sum_{i=1}^{m} \frac{1}{R_i^-}}. \tag{2.15}$$

- Ermitteln Sie die endgültige Prioritätsbewertung für jede Alternative, geordnet in absteigender Reihenfolge:

$$L_i = \frac{U_i}{U_{max}} \times 100\%. \tag{2.16}$$

Die in dieser Methode enthaltenen Schritte können durch dieses Flussdiagramm (Abb. 2.6) aufgezählt werden.

Als Beispiel lösen wir nun das MCDM-Problem, das für die SAW- und TOPSIS-Methode diskutiert wurde, und sehen, wie sich die Leistungsergebnisse basierend auf der COPRAS-Methode entfalten. Die Entscheidungsmatrix bleibt dieselbe sowie die normalisierte Entscheidungsmatrix zusammen mit den Kriteriengewichten, wie sie in der

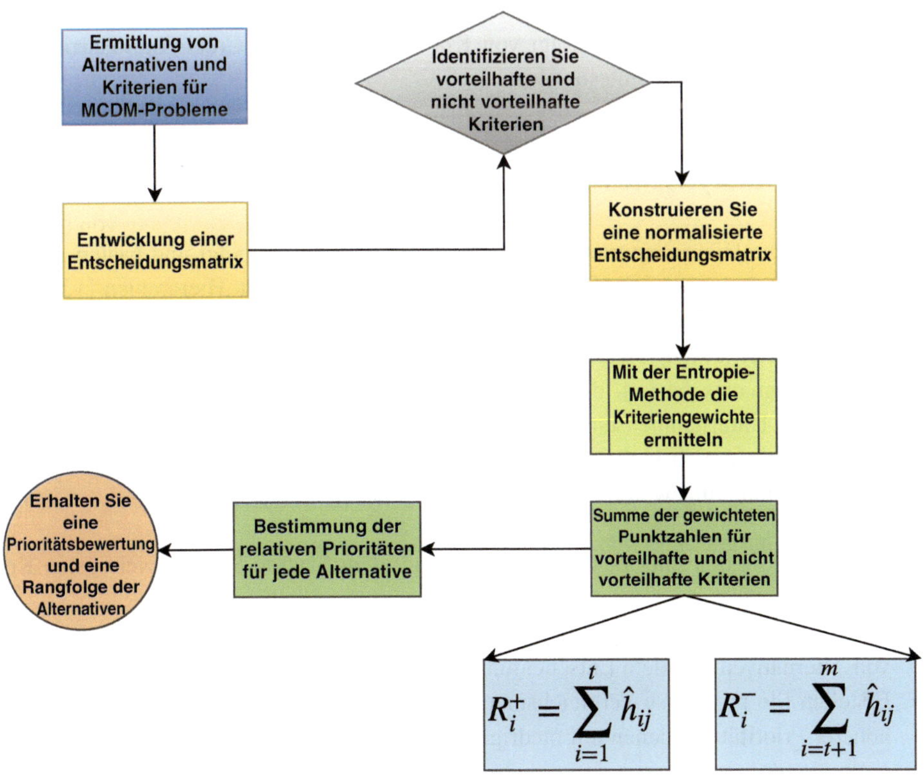

Abb. 2.6 Flussdiagramm für die COPRAS-Methode

Tab. 2.3 Leistungspunkte basierend auf der COPRAS-Methode

Alternative	Leistungspunktzahl	Rang
Jeep Compass	0,8708	5
MG Hector	1,000	1
Kia Seltos	0,9760	2
Tata Harrier	0,9428	4
Hyundai Creta	0,9640	3

TOPSIS-Methode erhalten wurden. Die Summe der gewichteten Punktzahlen für vorteilhafte und nicht vorteilhafte Kriterien wird unter Verwendung von (2.14) bewertet und ist wie folgt angegeben:

$$R^{+} = \{0{,}2764, 0{,}3787, 0{,}3675, 0{,}3643, 0{,}3196\}, \tag{2.17}$$

$$R^{-} = \{0{,}0736, 0{,}1103, 0{,}1103, 0{,}1287, 0{,}0736\}. \tag{2.18}$$

Die relativen Prioritäten der Alternativen werden unter Verwendung von (2.15) und (2.16) bewertet und die Prioritätspunkte sind in Tab. 2.3 aufgeführt.

Die Ergebnisse zeigen also, dass gemäß der COPRAS-Methode der MG Hector das bevorzugteste Automobil ist, gefolgt von Kia Seltos, Hyundai Creta, Tata Harrier, und Jeep Compass ist die schlechteste Wahl.

2.3 Der Analytische Hierarchieprozess

Der Analytische Hierarchieprozess (AHP) wurde von Saaty geprägt und basiert auf der Zerlegung eines gegebenen MCDM-Problems in ein System von Hierarchien [12]. Eine Matrix, die die relative Bedeutung der Alternativen in Bezug auf jedes Kriterium darstellt, wird erstellt. AHP bietet einen wichtigen Rahmen, der auf der Gestaltung einer Entscheidungsmatrix basiert, die die Hierarchien darstellt, die Umweltszenarien, Ziele in Bezug auf Unternehmensentscheidungen und medizinische Strategien hervorheben. AHP wurde erfolgreich in Bereichen wie Priorisierung, Ressourcenallokation und Entscheidungsfindung angewendet und wird wie folgt beschrieben:

- Definieren Sie das Entscheidungsproblem und identifizieren Sie die wichtigsten Kriterien.
- Strukturieren Sie die Hierarchie des Problems, basierend auf den Kriterien, dem Satz von Alternativen und dem Entscheidungsziel.
- Erstellen Sie paarweise Vergleichsmatrizen, in denen die Elemente der Matrizen mit höherer Priorität mit denen mit niedrigerer Priorität verglichen werden.

- Basierend auf den erhaltenen Prioritäten, gewichten Sie die Prioritäten auf niedrigerer Ebene und wiederholen Sie diesen Schritt für jedes Element. Addieren Sie diese Prioritäten, um die endgültigen Prioritäten für die niedrigste Ebene zu erhalten.

Um die relative Bedeutung zwischen verschiedenen Kriterien quantitativ zuzuweisen, werden in der AHP-Methode die folgenden Skalen verwendet, wie in Tab. 2.4 gezeigt.

Betrachten Sie ein MCDM-Problem mit drei Alternativen und vier Kriterien. Die Entscheidungsmatrix wird durch

$$H = \begin{array}{c} \begin{matrix} C_1 & C_2 & C_3 & C_4 \end{matrix} \\ \begin{pmatrix} 25 & 20 & 15 & 30 \\ 10 & 30 & 20 & 30 \\ 30 & 10 & 30 & 10 \end{pmatrix} \end{array} \begin{matrix} A_1 \\ A_2 \\ A_3. \end{matrix}$$

gegeben. Betrachten Sie die Gewichtungen der Kriterien als $w = \{0{,}2, 0{,}15, 0{,}40, 0{,}25\}$. Als Nächstes bewerten wir $K_j = \sum_{i=1}^{m} h_{ij}$ und teilen die jeweiligen Elemente durch K_j, wobei $j = 1, 2, \ldots, n$ und a_{ij} die Elemente der Matrix sind. Die relative Matrix wird als

$$H^* = \begin{array}{c} \begin{matrix} C_1 & C_2 & C_3 & C_4 \end{matrix} \\ \begin{pmatrix} 25/65 & 20/55 & 15/65 & 30/65 \\ 10/65 & 30/55 & 20/65 & 30/65 \\ 30/65 & 10/55 & 30/65 & 10/65 \end{pmatrix} \end{array} \begin{matrix} A_1 \\ A_2 \\ A_3. \end{matrix}$$

gegeben. Als Nächstes bewerten wir die Leistungsbewertung der Alternativen, die als

$$B_i = \sum_{j=1}^{n} w_j \hat{h}_{ij}, \quad i = 1, 2, \ldots, m, \tag{2.19}$$

gegeben ist, wobei w_j das Gewicht ist, das jedem Kriterium zugewiesen wird, und $\hat{h}_{ij}$ die Elemente der H^* Matrix darstellt. Die Leistungsbewertungen sind in Tab. 2.5 aufgeführt.

Basierend auf den Leistungsbewertungen, werden die Alternativen wie folgt eingestuft $A_2 \succ A_1 \succ A_3$. AHP ist eine einfache Methode, die eine sorgfältige Untersuchung

Tab. 2.4 Relative Bedeutung für die AHP-Methode

Skala	Bedeutung
1	Gleiche Bedeutung
3	Mäßige Bedeutung
5	Starke Bedeutung
7	Sehr starke Bedeutung
9	Absolute Bedeutung
2, 4, 6, 8	Kompromiss zwischen 1, 3, 5, 7, 9

Tab. 2.5 Leistungsbewertungen, basierend auf AHP

Alternativen	Bewertung	Rang
A_1	0,34	2
A_2	0,35	1
A_3	0,31	3

der Alternativen erfordert, da sie deren paarweise Vergleiche berücksichtigt. Die häufigsten Anwendungsbereiche von AHP sind Unternehmensplanung, öffentliche Politik und strategische Planung.

2.4 ELECTRE-Methode

Eine weitere Methode, die im MCDM-Ansatz verwendet wurde, war die ELECTRE-Methode, die für *elimination and choice translating reality* steht und erstmals 1966 eingesetzt wurde [7]. In diesem Ansatz werden die Alternativen paarweise für gegebene Kriterien miteinander verglichen. Ein paarweiser Vergleich zwischen den Alternativen h und k kann auf einem monetären Wert oder einer physischen Einheit basieren, die als $r(h)$ und $r(k)$ angegeben wird. Manchmal kann ein Entscheidungsträger einen Schwellenwert wie den Durchschnitt von $r(h)$ und $r(k)$ oder die arithmetische Differenz zwischen ihnen festlegen. Die ELECTRE-Methode besteht aus zwei Teilen, nämlich dem Überordnen der Alternativen und einem Auswertungsverfahren zur Feststellung der Entscheidung.

In Bezug auf das Überordnungsverfahren wird ein Grad der Übereinstimmung zwischen zwei Alternativen h und k ermittelt. Betrachten Sie eine Relation hSk, die die Präferenz von h gegenüber k impliziert, sofern die Mehrheit der Kriterien damit übereinstimmt. Wenn die Übereinstimmungsbedingung erfüllt ist, sollte keines der Kriterien, die hSk unterstützen, dagegen sprechen. Der Übereinstimmungsindex $C(hSk)$ wird unter Verwendung von

$$C(hSk) = \frac{\sum_{j \in l'} w_j}{\sum_{j \in l} w_j}, \tag{2.20}$$

bestimmt, wobei l' die Menge der Kriterien ist, die die Übereinstimmungsbedingung erfüllen, und l die Menge aller Kriterien ist. Die Übereinstimmungsbedingung $C(hSk) > C^*$ muss erfüllt sein, um mit dem Unstimmigkeitstest fortzufahren. C^* bezieht sich auf das Übereinstimmungsniveau. Der Unstimmigkeitsindex bestimmt die Möglichkeit einer Meinungsverschiedenheit zwischen der Präferenz von h gegenüber k, wie sie durch den Übereinstimmungstest behauptet wird. Der Unstimmigkeitsindex wird durch

$$D(hSk) = \max_{j: r_{hj} < r_{kj}} \frac{\{r_{kj} - r_{hj}\}}{d_{max}}, \tag{2.21}$$

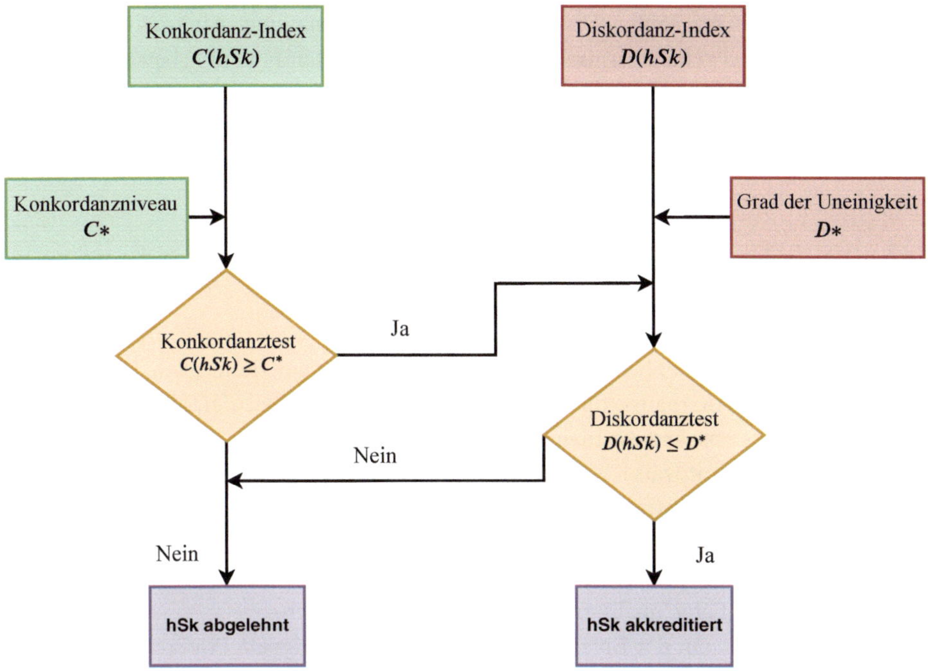

Abb. 2.7 Flussdiagramm für die ELECTRE-Methode

bestimmt, wobei d_{max} den maximalen Unterschied zwischen den Leistungsalternativen darstellt. Für ein gegebenes Unstimmigkeitsniveau $D^* \geq D(hSk)$ wird die Präferenz von h gegenüber k abgelehnt. Dieses Verfahren wird für jedes Paar (h, k) durchgeführt, um die beste Alternative zu ermitteln.

Abb. 2.7 zeigt das Flussdiagramm für die ELECTRE-Methode.

2.5 Preference Ranking Organization Method of Enrichment Evaluation (PROMETHEE)

Betrachten Sie ein Mehrkriterienproblem als eine Menge von Alternativen

$$\max \{c_1(a), c_2(a), \ldots, c_n(a), \ |a \in A\}, \tag{2.22}$$

wobei A eine endliche Menge von Alternativen darstellt $\{a_1, \ldots, a_m\}$ und $\{c_1(a), \ldots, c_n(a)\}$ eine Menge von Kriterien darstellt. Gemäß dem oben genannten mathematischen Problem existiert keine Menge von Alternativen, die alle gegebenen Kriterien maximieren würde. Daher ist es nur sinnvoll, über relative Vergleiche zwischen Alternativen zu sprechen. In Bezug auf die Preference Ranking Organization Method of Enrichment Evaluation (PROMETHEE-Methode) zur Entscheidungsfindung wird das

Prinzip der Dominanz häufig verwendet, um die Präferenz einer Alternative gegenüber einer anderen für gegebene Kriterien unter einer bestimmten Funktionsbewertung auszudrücken [4]. Mathematisch kann dies für Alternativen$(a_1, a_2) \in A$ ausgedrückt werden als

$$\begin{cases} \forall j : g_j(a_1) \geq g_j(a_2), \iff a_1 P a_2 \\ \forall j : g_j(a_1) = g_j(a_2), \iff a_1 I a_2 \\ \exists l : g_l(a_1) > g_l(a_2), \\ \exists l : g_k(a_1) < g_k(a_2), \iff a_1 R a_2 \end{cases} \tag{2.23}$$

wobei P, I und R sich auf *Präferenz, Indifferenz* und *Unvergleichbarkeit* beziehen. Eine Alternative wird als besser angesehen als andere, wenn sie in allen Kriterien besser ist. Wenn eine Alternative für das Kriterium l besser abschneidet, aber für ein Kriterium k schlechter abschneidet, dann werden die beiden Alternativen als unvergleichbar bezeichnet. Das schrittweise Verfahren des PROMETHEE-Algorithmus ist bildlich in Abb. 2.8 dargestellt und wird unten aufgezählt:

- Erstellen Sie eine paarweise Vergleichsmatrix zwischen den Alternativen auf der Basis der verfügbaren qualitativen und quantitativen Daten.
- Identifizieren Sie auf der Basis der Anwendung eine geeignete Präferenzfunktion, die die Präferenz der Alternative a_1 über a_2 und so weiter bestimmt. Die Präferenzwerte sind entweder „1" oder „0", wobei Ersteres eine starke Präferenz und Letzteres eine gleichgültige Präferenz anzeigt. Verschiedene Funktionen wie das übliche Kriterium,

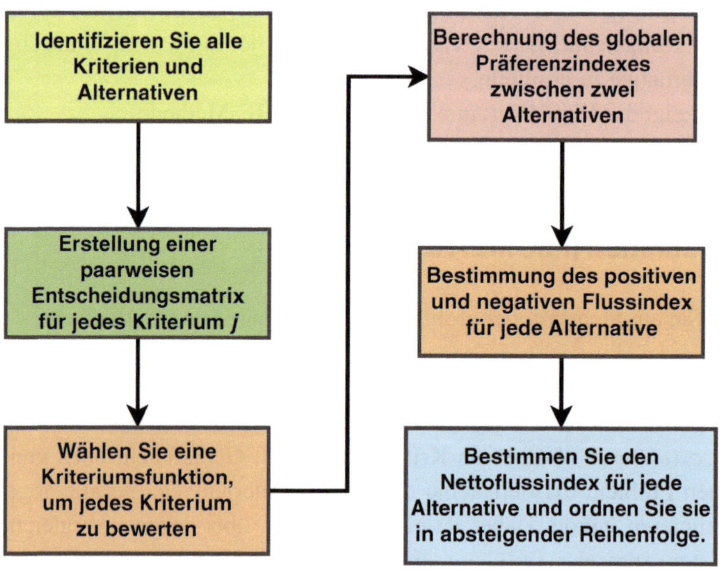

Abb. 2.8 Flussdiagramm für die PROMETHEE-Methode

das U-förmige Kriterium, das V-förmige Kriterium und das Gaußsche Kriterium werden verwendet.

- Berechnen Sie den globalen Präferenzindex, $\prod(a_1, a_2)$ zwischen den Alternativen a_1 und a_2 als

$$\prod(a_1, a_2) = \sum_{j=1}^{n} w_j P_j(a_1, a_2), \tag{2.24}$$

wobei w_j das Gewicht ist, das dem Kriterium j entspricht; $P_j(a_1, a_2)$ ist der Präferenzfunktionswert zwischen den Alternativen a_1 und a_2.

- Basierend auf den globalen Präferenzindizes berechnen Sie den positiven Fluss ($\eta^+(a_i)$) und den negativen Fluss ($\eta^-(a_i)$). Der positive Fluss zeigt die Präferenz einer Alternative gegenüber anderen an, während der negative Fluss den quantitativen Index bestimmt, der zeigt, wie stark eine bestimmte Alternative von anderen übertroffen wird. Die positiven und negativen Flüsse werden als

$$\eta^+(a) = \frac{1}{1-n} \sum \prod(a_1, a_2), \; \eta^-(a) = \frac{1}{1-n} \sum \prod(a_2, a_1). \tag{2.25}$$

angegeben.

- Berechnen Sie den Nettodurchflusswert für jede Alternative mit

$$\eta(a) = \eta^+(a) - \eta^-(a). \tag{2.26}$$

Die Alternative mit dem höchsten Nettodurchflusswert wird als die beste angesehen.

Im Vergleich zu anderen Methoden hat PROMETHEE einen einfachen Ansatz und findet Anwendung in den Bereichen Logistik, Transport und Energiemanagement.

2.6 Sensitivitätsanalyse in der Entscheidungsfindung

Der Entscheidungsfindungsprozess wird oft durch die Variationen der Eingabeparameter herausgefordert. Entscheidungsträger stehen vor Szenarien, in denen die beteiligten Prozesse stochastischer Natur sind. Jede neue Alternative oder jedes neue Kriterium, das in die Entscheidungsumgebung hinzugefügt oder daraus entfernt wird, kann drastische Auswirkungen auf das Entscheidungsergebnis haben. Frühe Arbeiten zur Sensitivitätsanalyse wurden von Wendell durchgeführt, wo der Effekt der Variation der Eingabeparameter nach der Optimierung des Problems durch lineare Programmierung diskutiert wird [13]. Traditionelle Methoden der Sensitivitätsanalyse variieren nur einen Parameter zur gleichen Zeit, aber Wendell beschreibt eine Toleranzmethode, um mehrere Parameter gleichzeitig zu variieren. Mit dem Fortschreiten der Forschung präsentierten Barron und Smith zwei Methoden zur Sensitivitätsanalyse für Multi-Attribut-Modelle auf der Basis der Entropiemethode und einer Methode der kleinsten Quadrate. Beide Methoden arbeiten mit einem Paar von Alternativen, wobei basierend auf dem nächstgelegenen Satz von Gewichten, der deren Reihenfolge gleichsetzt, die beste bewertet wird [2].

Die an MCDM-Methoden durchgeführte Sensitivitätsanalyse spiegelt auch die Unsicherheiten im Entscheidungsfindungsprozess wider. Unsicherheit wird als eine Entität definiert, die nicht festgelegt ist oder keinen klaren Status hat. Unsicherheiten können intern oder extern sein, wobei externe von erheblicher Bedeutung sind. Interne Fehler sind die Unsicherheiten, die sich auf die Struktur des MCDM-Problems beziehen. Diese Fehler können aufgrund mangelnden menschlichen Wissens oder voreingenommener Meinungen, die während einer Massenumfrage angenommen wurden, auftreten. Im aktuellen Kontext von hybriden Windparks können die Kriterien, die sich mit dem Betrieb von hybriden Windparks befassen, einige Unsicherheiten in Form von Windschatten und plötzlichen Änderungen der Windgeschwindigkeit und -richtung aufweisen. Solche Schwierigkeiten werden durch einen auf Fuzzy-Logik basierenden Ansatz gelöst, der das Entscheidungsproblem modelliert, um die vom Entscheidungsträger erlebten Komplexitäten zu lösen, wodurch die Zuverlässigkeit der Methode und auch die Sensitivität gegenüber internen Änderungen im Modell erhöht wird. Andererseits beziehen sich externe Unsicherheiten auf Situationen, die das externe Umfeld der Entscheidung betreffen. Zum Beispiel wirken sich bei der Auswahl des Standorts für den Bau eines multifunktionalen Einkaufszentrums Faktoren wie geografische Lage, angebotene Annehmlichkeiten und Sicherheit als externe Unsicherheiten aus. Der Effekt der Sensitivität kann mathematisch modelliert werden, indem Funktionsbewertungen verwendet werden, die eine Distanzmetrik von einer gewünschten oder einem Nutzen darstellen können. Betrachten Sie eine Funktion $\eta(T(x, \xi), \phi)$, wobei ξ und ϕ die externen und internen Unsicherheiten in einem Entscheidungsfindungsprozess darstellen. Die Auswirkungen von Variationen in ξ und ϕ werden bewertet, um die Robustheit der MCDM-Methode zu testen. Manchmal kann dem Entscheidungsträger ein spezifizierter Wert der Funktion $\eta(\xi, \phi)$ bereitgestellt werden. In solchen Fällen ist es zwingend erforderlich, die Parameterwerte außerhalb ihres Bereichs zu variieren, um zu sehen, wie sich die Entscheidungsergebnisse entwickeln. Die häufig verwendete Methode der Sensitivitätsanalyse ist die stochastische Multi-Kriterien-Akzeptanzanalyse (SMAA), die einen Akzeptanzindex für jede alternative Unsicherheit bestimmt [10]. Es ist daher wichtig, die Sensitivitätsanalyse in MCDM-Prozesse zu integrieren.

Dieses Kapitel hebt die beliebten MCDM-Methoden hervor, die im Alltag sowie in Bereichen wie Finanzen, Wirtschaft und Management verwendet werden. Aus diesen Methoden befasst sich unsere Studie zum hybriden Betrieb in Windparks mit SAW, TOPSIS und COPRAS. Überwiegend analysieren diese Methoden jede Alternative objektiv in Bezug auf die gegebenen Kriterien. In Methoden wie AHP und ELECTRE ist jedoch der paarweise Vergleich von Alternativen zueinander der entscheidende Schritt zur Identifizierung der besten Wahl, was für unsere Problemdefinition von hybriden Windparks nicht relevant ist. Der alleinige Zweck des AHP-Prozesses basiert auf den Interdependenzen zwischen Alternativen und Kriterien, die zu einer Rangumkehr führen können. Bei der Behandlung der TOPSIS- und COPRAS-Methode wird die Bewertung der Leistungspunkte einfach und leicht verständlich, was bei der ELECTRE-Methode nicht der Fall ist. Es ist auch wichtig zu beachten, dass die Gewichtung der Kriterien in der Entscheidungsfindung eine entscheidende Aufgabe ist. Techniken wie die Entropiemethode und die Moora-Methode werden häufig zu diesem Zweck verwendet. Die als Alternativen modellierten Strategien, die im nächsten Kapitel diskutiert werden, sind völlig unabhängig voneinander. Auch wird die Zufälligkeit im Eingabemodell (Entscheidungsmatrix) durch eine geeignete Form der Sensitivitätsanalyse für die SAW-, TOPSIS- und COPRAS-Methoden diskutiert.

Literatur

1. Balioti V, Tzimopoulos C, Evangelides C (2018) Multi-criteria decision making using TOPSIS method under fuzzy environment. Application in spillway selection. Proceedings 2(11):637
2. Barron H, Schmidt CP (1988) Sensitivity analysis of additive multiattribute value models. Oper Res 36(1):122–127. https://doi.org/10.1287/opre.36.1.122
3. Bhowmik C, Bhowmik S, Ray A (2018) The effect of normalization tools on green energy sources selection using multi-criteria decision-making approach: a case study in india. J Renew Sustain Energy 10(6):065901
4. Bottero M, D'Alpaos C, Oppio A (2018) Multicriteria evaluation of urban regeneration processes: an application of PROMETHEE method in northern Italy. Adv Oper Res, 1–12. https://doi.org/10.1155/2018/9276075
5. Byun H, Lee K (2005) A decision support system for the selection of a rapid prototyping process using the modified topsis method. Int J Adv Manuf Technol 26(11):1338–1347. https://doi.org/10.1007/s00170-004-2099-2
6. Dymowa L (2011) MCDM with applications in economics and finance. In: Soft computing in economics and finance. Springer, Berlin, pp 107–186. https://doi.org/10.1007/978-3-642-17719-4_4
7. Figueira JR, Greco S, Roy B, Słowiński R (2012) An overview of ELECTRE methods and their recent extensions. J Multi-Criteria Decis Anal 20(1–2):61–85. https://doi.org/10.1002/mcda.1482
8. Hallerbach WG, Spronk J (2002) The relevance of MCDM for financial decisions. J Multi-Criteria Decis Anal 11(4–5):187–195
9. Hwang CL, Yoon K (1981) Methods for multiple attribute decision making. Springer, Berlin, pp 58–191
10. Lahdelma R, Hokkanen J, Salminen P (1998) SMAA – stochastic multiobjective acceptability analysis. Eur J Oper Res 106(1):137–143. https://doi.org/10.1016/s0377-2217(97)00163-x
11. Lourenzutti R, Krohling RA (2016) A generalized TOPSIS method for group decision making with heterogeneous information in a dynamic environment. Inf Sci 330:1–18
12. Saaty TL (1984) The analytic hierarchy process: decision making in complex environments. In: Quantitative assessment in arms control. Springer US, pp 285–308. https://doi.org/10.1007/978-1-4613-2805-6_12
13. Wendell RE (1997) Linear programming 3: the tolerance approach. In: Advances in sensitivity analysis and parametric programming. Springer, US, pp 158–178. https://doi.org/10.1007/978-1-4615-6103-3_5

14. Yang W, Xu K, Lian J, Ma C, Bin L (2018) Integrated flood vulnerability assessment approach based on TOPSIS and shannon entropy methods. Ecol Indic 89:269–280. https://doi.org/10.1016/j.ecolind.2018.02.015
15. Zolfani SH, Rezaeiniya N, Aghdaie MH, Zavadskas EK (2012) Quality control manager selection based on AHP- COPRAS-g methods: a case in iran. Econ Res-Ekon Istraživanja 25(1):72–86. https://doi.org/10.1080/1331677x.2012.11517495

3 Entscheidungsfindung in hybriden Windparks

Der fossile Brennstoffverbrauch dominierte bereits als primäre Energiequelle, als er im zwanzigsten Jahrhundert noch einmal einen signifikanten Anstieg erlebte. Mit den weltweit zunehmenden CO2-Fußabdrücken fossiler Brennstoffe wurden jedoch erneuerbare Energietechnologien als Energiequelle in Entwicklungs- und Industrieländern verstärkt. Die zunehmende Durchdringung der Windkraft im Versorgungsnetz stellt die stabile Betriebsweise des Stromsystems infrage, da zufällige Windgeschwindigkeiten zu unregelmäßiger Einspeisung der erzeugten Energie führen. Die Herausforderung der Prognose unter Windpraktikern hat im Laufe der Jahre industrielle Aufmerksamkeit erregt, um ihre finanziellen Verluste zu minimieren. Eine genaue Windkraftprognose gewährleistet die Systemzuverlässigkeit und senkt die Kosten für Hilfsausrüstung. Traditionell werden Windprognosetechniken in zwei breite Modelle unterteilt: statistische Modelle und maschinelle Lernmodelle. Da Wind auf zeitlicher Skala stochastisch ist, führt Nichtlinearität zu Prognoseherausforderungen für statistische Modelle. Maschinelle Lernmodelle in Kombination mit Signaldekompositionstechniken (Wavelet-Transformation und empirische Modellentwicklung) bilden das Rückgrat für genaue Prognosemethoden.

Der hybride Betrieb von Windparks hat in letzter Zeit großes Interesse geweckt, wobei die stochastische Natur des Windes dazu führt, dass Marktbetreiber eine optimale Strategie wählen, um den Gewinn zu maximieren. Das aktuelle Problem befasst sich mit drei nicht vorteilhaften Kriterien, nämlich Windschatten, Windabschaltung und erzwungene Ausfälle, um die beste Option zu finden. Drei MCDM-Methoden werden angewendet, um die beste Alternative zu finden, und die Ergebnisse zeigen, dass für alle diese Methoden das Ausleihen von Defizitstrom von einem benachbarten Park die beste Option ist. Vergleichende Analysen in Bezug auf Datenanforderungen, die Wirkung dynamischer Entscheidungsmatrizen und Rangumkehr werden ebenfalls präsentiert.

H. Dhiman und D. Deb, *Entscheidung und Steuerung in hybriden Windparks*,
https://doi.org/10.1007/978-981-97-8339-7_3

3.1 Einführung

Das globale Szenario im Windenergiesektor hat zu einer Zunahme der Schaffung von Arbeitsplätzen mit hohen Investitionen sowohl in Onshore- als auch in Offshore-Plattformen geführt. Die Integration von Windenergie in das Versorgungsnetz hat auch die Aufmerksamkeit auf ihre ausgeklügelten und zuverlässigen Steuerungsoperationen gelenkt [7]. Windturbinen, die in einer atmosphärischen Grenzschicht arbeiten, erleben eine Vielzahl physikalischer Phänomene, und das Erreichen von Skaleneffekten ist eines der Hauptziele eines Windparkbetreibers. Der Großteil der Verluste in einem Windpark ist auf ungenaue Prognosen zurückzuführen. Um das Defizit an Energie auszugleichen, müssen Windparkbetreiber auf Reserveenergiequellen wie ein Batteriesystem zurückgreifen. Daher ist es unerlässlich, den Betrieb eines Windparks mit einer Strategie anzugehen, die sich auf einen Aktionsplan zur Minimierung der anfallenden Kosten konzentriert.

Multi-Kriterien-Entscheidungsfindung (MCDM) bietet eine kosteneffiziente Lösung durch ihren mathematischen Modellierungsansatz zur Bestimmung der besten verfügbaren Wahl. Primär werden MCDM-Methoden in kompensatorische und Outranking-Techniken unterteilt. Kompensatorische Techniken nähern sich der besten Alternative ausschließlich auf der Basis ihrer positiven Eigenschaften gegenüber negativen Eigenschaften, was auf eine Trade-off-Situation hinweist. Analytischer Hierarchieprozess (AHP) und Fuzzy-Logik-Entscheidungsfindung (FLDM) sind häufig verwendete kompensatorische Techniken. Hauptanwendungen kompensatorischer MCDM-Techniken umfassen Wasserressourcen-Engineering, Bewertung der ländlichen Wasserversorgung und Entsalzungsanlagen, während Outranking-Techniken eine Reihe logischer Entscheidungsregeln folgen, basierend auf Gewichten, die einem Satz von Kriterien zugewiesen sind. Einige der populären Outranking-Methoden umfassen COPRAS, TOPSIS, die gewichtete Summen- und Produktmethode, Elimination Et Choix Traduisant la Realite Methode (ELECTRE) und die Präferenz-Rang-Organisationsmethode zur Anreicherungsevaluation (PROMETHEE) [15]. Die ELECTRE-Methode beinhaltet eine hohe rechnerische Komplexität und wird für MCDM-Probleme nicht bevorzugt. Ebenso kann bei PROMETHEE die Rangumkehr der Alternativen den Entscheidungsprozess infrage stellen, zusammen mit den zugewiesenen Gewichten, die ansonsten qualitativer Natur sind [9].

Eine der häufigsten Methoden zur Gestaltung eines MCDM-Problems besteht darin, Massenumfragen und Fragebögen durchzuführen, was Anwendungen im Bereich Wissenschaft und Technologie unterstützt hat. Erneuerbare Energiequellen, Energie-Ressourcenplanung, Versorgungsplanung und Energiemanagement von Gebäuden sowie Transportenergiemanagement sind die Schlüsselbereiche, in denen MCDM angewendet wird [5]. Wie von Georgiou et al. diskutiert, scheinen AHP- und PROMETHEE-Methoden zu optimalen Entscheidungen für eine effiziente Energiekonfiguration für eine Umkehrosmose-Entsalzungsanlage zu führen. Fünf solcher Topologien als Alternativen werden unter Berücksichtigung sozialer, ökologischer und wirtschaftlicher Auswirkungen bewertet [4]. Kundakc et al. verwendeten zwei Outranking-Techniken, nämlich die Bewertung der Attraktivität durch eine kategorienbasierte Bewertungstechnik (MACBETH) und die Bewertung auf der Basis der Entfernung von der durchschnittlichen Lösung (EDAS), um den besten Kessel für eine Färberei in der Textilindustrie auszuwählen [11]. Lee et al. untersuchten den MCDM-Ansatz zur Auswahl eines Windturbinentyps für die Installation eines Windparks unter Verwendung des interpretativen Strukturmodells (ISM) und des Fuzzy-Analytischen Hierarchieprozesses (FAHP) [12]. Eine binäre Matrix, die die Beziehung zwischen jedem Kriterium und seinem Unterkriterium darstellt, wird entwickelt. Im Bereich der Offshore-Windenergieplattform analysierten Mahdy et al. das potenzielle Stromerzeugungsszenario in Ägypten. Basierend auf der Methode des geografischen Informationssystems ([GIS-]AHP-Methode) werden Faktoren wie Wassertiefe, Windfluss und Entfernung zur Küste zur Formulierung des MCDM-Problems berücksichtigt [14]. Kolios et al. untersuchten das Problem der Auswahl von Turbinenstrukturen für Offshore-Windparkplattformen, bei denen die Eingaben bei der Gestaltung der Entscheidungsmatrix variieren. Mehrere Faktoren wie Tiefenkompatibilität, Umweltauswirkungen, Wartungskosten und Installationskosten werden als Kriterien zur Bewertung der Alternativen berücksichtigt [10]. In Saudi-Arabien wurde das Problem der Auswahl einer geeigneten erneuerbaren Energiequelle von Garni et al. untersucht, wobei mehrere Faktoren wie politische, ökologische und soziokulturelle Auswirkungen als Kriterien berücksichtigt wurden. Die AHP-Methode wurde verwendet, wobei die Solar-PV-Technologie als beste Wahl der Alternativen gesehen wurde, gefolgt von der Solarthermietechnologie [3]. Der Entscheidungsprozess umfasst mathematische Schritte, wie im vorherigen Kapitel diskutiert. Ein solcher Schritt ist die Normalisierung der Entscheidungsmatrix. Jahan et al. diskutierten Normalisierungstechniken und deren Auswirkungen auf das Entscheidungsverfahren [8].

Der Entscheidungsprozess basiert auf der Bewertung der Alternativen auf der Basis eines quantitativen Werts, der in absteigender Reihenfolge geordnet werden kann. Daher verlassen sich Entscheidungsträger ausschließlich auf die aus Massenumfragen und Fragebögen verfügbaren Informationen, um diese in ein strukturiertes Entscheidungsproblem zu modellieren, das unparteiisch über einen gegebenen Satz von Kriterien bewertet werden kann. Die Kriteriengewichte in einem MCDM-Problem können nicht zufällig zugewiesen werden, da dies die Entscheidungsmatrix schlecht konditionieren und zu nicht optimalen Entscheidungen führen kann. Basierend auf den Perspektiven, die ein MCDM-Problem bietet, hebt dieses Kapitel einige der MCDM-Techniken hervor, die auf hybride Windparks angewendet werden sollen. Der Hauptbeitrag dieses Kapitels umfasst die Formulierung einer optimalen hybriden Windparkstrategie, bei der aerodynamische Phänomene wie Einschränkung der Windkraft, Windhosen und erzwungene Ausfälle berücksichtigt werden, um die Wahl einer Betriebsstrategie zu beeinflussen. Die Betriebsstrategie wird in Form einer Strafe modelliert, die einem Windparkbetreiber auferlegt wird. Dies erfordert eine genaue Windprognose, um die Strafkosten zu bewerten. Dieses Kapitel ist wie folgt strukturiert: Abschn. 3.2 behandelt die Grundlagen des hybriden Betriebs eines Windparks. Die Alternativen werden beschrieben, wobei jede eine zu tragende Strafkosten beinhaltet. Ergebnisse und Diskussionen werden in Abschn. 3.3 untersucht. Wir präsentieren auch ein vergleichendes Ergebnis der für diese Studie betrachteten MCDM-Methoden (in Abschn. 3.4).

3.2 Problemformulierung

Die in reichlicher Form verfügbare Windressource gewährleistet eine starke Windleistungsdichte und ist der Schlüssel zu einem zuverlässigen Betrieb eines Windparks. Für eine maximale Energieerfassung ist es vorteilhaft, wenn ein Windstandort ein Gelände hat, das die turbulenten Wirbel in der atmosphärischen Grenzschicht nicht eskaliert, was sonst zu einer reduzierten jährlichen Energieproduktion führen kann. Automatisierung und Spitzentechnologien haben sichergestellt, dass die Produktionskosten für einen Windpark innerhalb akzeptabler Grenzen liegen [2]. Es wird auch beobachtet, dass neben dem rauen Gelände und den durch die Mikrositing verursachten Komplexitäten der Mangel an Zugang zu den natürlichen Ressourcen ein bestimmender Faktor für die Gesamtkosten eines Windparkprojekts sein kann.

Das Konzept eines hybriden Windparks, wie in Kap. 1 diskutiert, befasst sich mit genauen Windvorhersageschemata. Eine gängige Praxis umfasst Windkraftpläne, die im Voraus verfügbar sein müssen, um eine garantierte Stromübertragung ins Versorgungsnetz sicherzustellen. Die inhärente Stochastizität der Windgeschwindigkeit verursacht Fehler in der Vorhersage, die für Defizit- oder Überschussleistung verantwortlich sind. Derzeit wird die überschüssige oder defizitäre Windkraft durch Reservekraftquellen, bekannt als Batteriespeichersystem (BESS), ausgeglichen. Da im Falle eines großen Überschusses oder Defizits an Windkraft, bei dem BESS zum Laden oder Entladen von Strom eingesetzt wird, sollte die Bestimmung der BESS-Kapazität im Voraus erfolgen. Patel et al. präsentierten Methoden zur hybriden Windstromerzeugung [17] und wir erweitern diese, um das MCDM-Problem zu lösen. Die Alternativen sind wie folgt aufgelistet:

- Alternative 1 (A_1): In dieser Situation wird die prognostizierte Windkraft mit der tatsächlichen Windkraft verglichen und dann werden, basierend auf dem Defizit, in jedem Dispatch-Fenster die Gesamtkosten bewertet. Angenommen, dass $\hat{p}_i$ die prognostizierte Windkraft ist und p_i die tatsächlichen sind, ergeben sich für solche Fälle (k_a) die folgenden Kosten

$$F_1 = \beta_w \sum_{i=1}^{k_a} \left(\hat{p}_i - p_i \right), \tag{3.1}$$

wobei β_w die Kosten sind, die in \$ pro 1 kW Defizitwindkraft gezahlt werden. Es ist bemerkenswert, dass im Falle von $p_i > \hat{p}_i$ der Betreiber entscheidet, keine Strafe zu zahlen.

- Alternative 2 (A_2): Hier zahlt der Farmbetreiber die Strafe durch eine Kombination aus zwei Strategien. Das Defizit in der prognostizierten Windkraft und der tatsächlichen Windkraft wird berechnet und eine Schwellenwertgrenze für die Batterie P_b^{th} wird berechnet, wenn das Defizit die Batterieschwelle überschreitet. Für m_s solche Fälle zahlt der Windparkbetreiber die Strafkosten, die wie folgt angegeben sind

$$F_2 = \zeta_s \sum_{i=1}^{m_s} \left(p_{bi}^{th} - \hat{p}_i + p_i \right), \tag{3.2}$$

  wobei ζ_s die Strafe darstellt, die in \$ pro kW des überschreitenden Schwellenwerts gezahlt wird.
- Alternative 3 (A_3): Betrachten Sie eine Situation, in der die Windparks in der Nachbarschaft einen Überschuss an Windenergie haben. Der Windpark, der mit einem Defizit an Energie zu kämpfen hat, kann Energie leihen und eine entsprechende Strafe zahlen. Lassen Sie p_{2i}, $\hat{p}_{2i}$, p_{3i} und $\hat{p}_{3i}$ die tatsächlichen und prognostizierten Windleistungen für die Windparks 2 und 3 sein; in diesem Fall zahlt der Betreiber des Windparks 1 eine Strafe für l_z, die als

$$F_3 = \begin{cases} \alpha_z \sum_{i=1}^{l_z} (p_{2i} - \hat{p}_{2i}), & \text{if} \quad p_{2i} > \hat{p}_{2i}, \\ \alpha_z \sum_{i=1}^{l_z} (p_{3i} - \hat{p}_{3i}), & \text{if} \quad p_{3i} > \hat{p}_{3i}, \\ \delta_z \sum_{i=1}^{l_z} (\hat{p}_i - p_i), \end{cases} \tag{3.3}$$

  gegeben ist, wobei α_z und δ_z die Strafkosten und die Kosten für die Entladung der Batterieeinheiten zur Kompensation von 1 kW Defizitleistung sind. Es ist erwähnenswert, dass die Strafkosten der Batterieeinheit höher sind als A_1 und A_2.
- Alternative 4 (A_4): Hier zahlt der Betreiber des Windparks eine Strafe, wenn das gesamte Defizit an Windenergie, mit dem ein Windpark konfrontiert ist, von einer Reihe von Batterien geliefert wird. Der Kostenausdruck für u_l solche Fälle wird als

$$F_4 = \delta_x \sum_{i=1}^{u_l} (\hat{p}_i - p_i), \tag{3.4}$$

  gegeben, wobei δ_x die Kosten in \$ für 1 kW Defizitleistung, die von einer Reihe von Batterien geliefert wird.

Als Nächstes diskutieren wir verschiedene Kriterien, anhand derer unser MCDM-Problem bewertet werden soll. Eines der häufigsten aerodynamischen Phänomene in der atmosphärischen Grenzschicht sind Windschleppen. Der durch Schleppen verursachte

Leistungsverlust in einem Windpark unterliegt einer Reihe von Alternativen. Windabschaltung ist ein weiteres Phänomen, mit dem die Betreiber von Windparks aufgrund von Einschränkungen des Generatorsystems zu kämpfen haben. Die Windabschaltung wirkt sich auch auf den wirtschaftlichen Betrieb von Windparks aus, und speziell für thermische Generatoren wird der Effekt von Henriot [6] diskutiert. Abschaltungen können in Szenarien hilfreich sein, in denen ein Batteriesystem nicht in der Lage ist, große Energiemengen zu liefern. Ein weiteres Kriterium, das den hybriden Betrieb von Windparks beeinflusst, ist der erzwungene Ausfall. Dies tritt auf, wenn eine oder mehrere Windturbinen aus ihrem normalen Betrieb gestoppt und aus dem Windpark abgezogen werden. Dies kann auf eine regelmäßige geplante Wartung der Turbinenblätter und internen Mechanismen zurückzuführen sein.

Die Qualität der Landschaft ist einer der Gründe, von denen die Lebensdauer eines Windparks abhängt. Qualitative und quantitative Analysen der Landschaft wurden im Laufe der Jahre aktiv durchgeführt, und es wurde beobachtet, dass verschiedene soziokulturelle und wirtschaftliche Auswirkungen das Gebiet um den Windpark beeinflusst haben. Ein Kostenaktionsbericht mit dem Titel „Erneuerbare Energien und Landschaftsqualität" wurde erstellt, um eine Beziehung zwischen der Landschaftsqualität und den erneuerbaren Energiequellen zu kartieren [18]. Es ist interessant zu bemerken, dass die Landschaftsqualität eines Windparks direkt mit dem Satz von Alternativen zusammenhängt, die diskutiert wurden. Zum Beispiel kann in Fällen, in denen der Windparkbetreiber eine Strafe zahlt, indem er ein Batteriesystem entlädt, die Bleientladung das Ökosystem um den Windpark herum erschöpfen. Die Landschaftsqualität kann jedoch durch die Herstellung von Batterien aus umweltfreundlichem Material verbessert werden.

Im vorliegenden Fall werden Windparks mit gleicher Anzahl von Windturbinen betrachtet. Bei unterschiedlicher Anzahl von Turbinen wird die Auswirkung der Alternativen auf die Landschaftsqualität unterschiedlich sein. Wie bereits erwähnt, verschlechtern die Bleiemissionen aus Batterien das Ökosystem, und bei einer höheren Anzahl von Batterieeinheiten wird dieser Effekt stärker ausgeprägt sein. Der von den Windturbinen erzeugte Lärm ist ebenfalls ein Anliegen der Windparkbetreiber. Aerodynamische und mechanische Geräusche sind in einem Windpark häufig zu beobachten. Der hinter der Turbinenachse erzeugte Nachlauf ist für den aerodynamischen Lärm verantwortlich, während der Verschleiß im Generator- und Wellenabschnitt zu mechanischem Lärm führt. Empirische Modelle, die Turbinenparameter und Lärm in Beziehung setzen, werden häufig verwendet, um die Lärmauswirkungen auf die Umgebung eines Windparks zu bewerten. Lowson [13] setzt den emittierten Lärm (in dB) in Beziehung zum Turbinendurchmesser als

$$L_{WA} = 44 \log_{10} R_x + 72, \tag{3.5}$$

für den Rotorradius R_x. Die logarithmische Beziehung deutet darauf hin, dass Windparks mit großen Turbinendurchmessern erhebliche Lärmemissionen verursachen können.

Tab. 3.1 Kriterien für den MCDM-Ansatz

Label	Kriterien	Folgen
C_1	Windnachläufe	Führen zu Leistungsverlust
C_2	Windabschaltung	Übermäßige Windgeschwindigkeit muss reduziert werden
C_3	Erzwungener Ausfall	Reduktion der Farmleistung

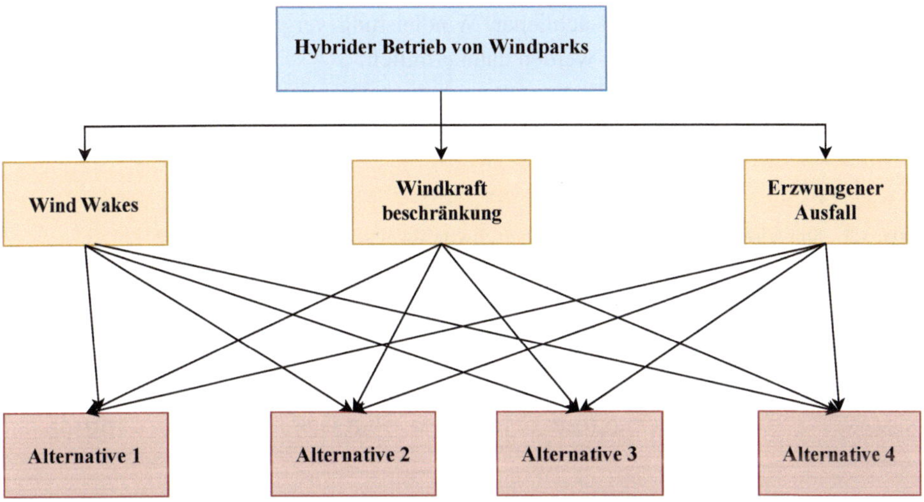

Abb. 3.1 MCDM-Technik, angewendet auf den hybriden Betrieb von Windparks

Tab. 3.1 zeigt die Kriterien, die zur Bewertung der Alternativen im MCDM-Problem verwendet werden. Abb. 3.1 veranschaulicht die verschiedenen Kriterien, die im MCDM-Problem berücksichtigt werden.

3.3 Ergebnisse und Diskussionen

In diesem Abschnitt besprechen wir den Multi-Kriterien-Entscheidungsansatz für hybride Windparks. Zunächst werden drei Windparks ausgewählt: Bishop und Clerks (Farm X), Paxton (Farm Y) und Blandford (Farm Z). Windgeschwindigkeitsdatensätze für zwei verschiedene Jahre werden vom Wind Energy Center der University of Massachusetts, MA, bezogen. Mit einem Schalenanemometer wird die Windgeschwindigkeit in Höhen von 15, 78 und 60 m über dem Boden für Farm X, Farm Y und Farm Z gemessen. Um die prognostizierten Leistungen in derselben Nabenhöhe zu bestimmen, wird die Windgeschwindigkeit für Farm X und Farm Y auf eine Nabenhöhe von 60 m unter

Verwendung des Standardwindgesetzes für die Höhe transformiert [20]. Die Datensätze D1 und D2 für die drei Windparks werden für den Zeitraum Januar 2011 und Januar 2013 [1] gesammelt, wobei die beschreibenden Statistiken in Tab. 3.2 aufgeführt sind. Die Windparks werden mit einem Rotordurchmesser von 77 m und einer Windrichtung, die direkt auf die Windturbinen gerichtet ist, betrachtet.

Eine schematische Darstellung der drei Windparks ist zusammen mit Batterieeinheiten bildlich in Abb. 3.2 dargestellt. Zunächst werden die Strafkosten, die durch den Windpark X, also Bishop and Clerks, entstehen, berechnet. Dazu wird die Windleistung prognostiziert und mit der tatsächlichen Windleistung verglichen. Die Strafkosten für alle besprochenen Alternativen werden dann ermittelt.

Abb. 3.3 zeigt bildlich die Windgeschwindigkeitsdiagramme für zwei Datensätze. Die hier besprochenen Alternativen werden auf der Grundlage einer kumulativen Punktzahl

Tab. 3.2 Statistische Parameter für Windgeschwindigkeitsdatensätze D1 und D2

Statistik	D1 (Januar 2011)			D2 (Januar 2013)		
	Farm X	Farm Y	Farm Z	Farm X	Farm Y	Farm Z
Mittelwert	8,3364	8,3612	5,189	10,146	9,4411	6,1096
Std. Abw.	3,2224	3,0543	2,4075	4,2897	2,8944	2,1752
Schiefe	–0,0943	–0,1040	0,9670	–0,3428	–0,3219	0,2102

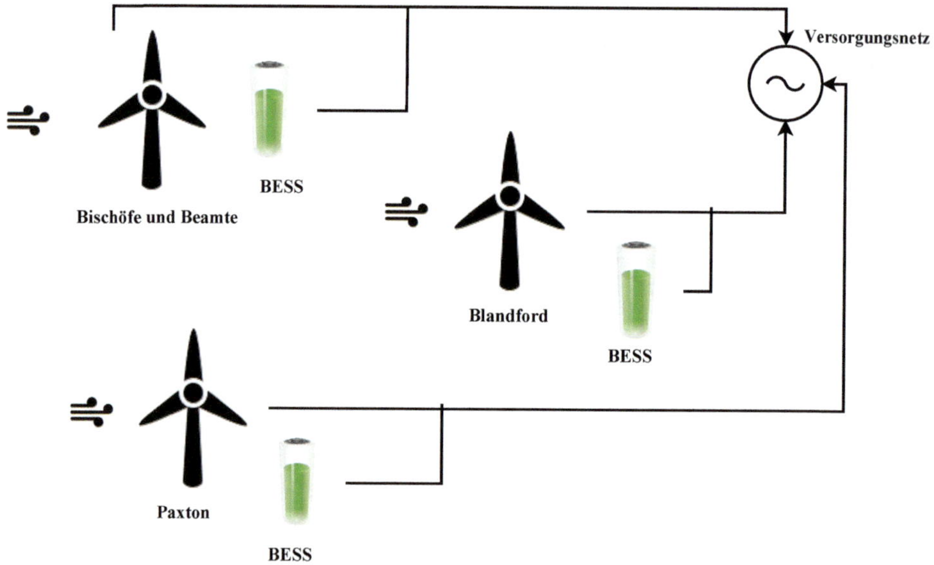

Abb. 3.2 Eine hybride Windpark-Topologie, die Bishop and Clerks, Paxton und Blandford darstellt

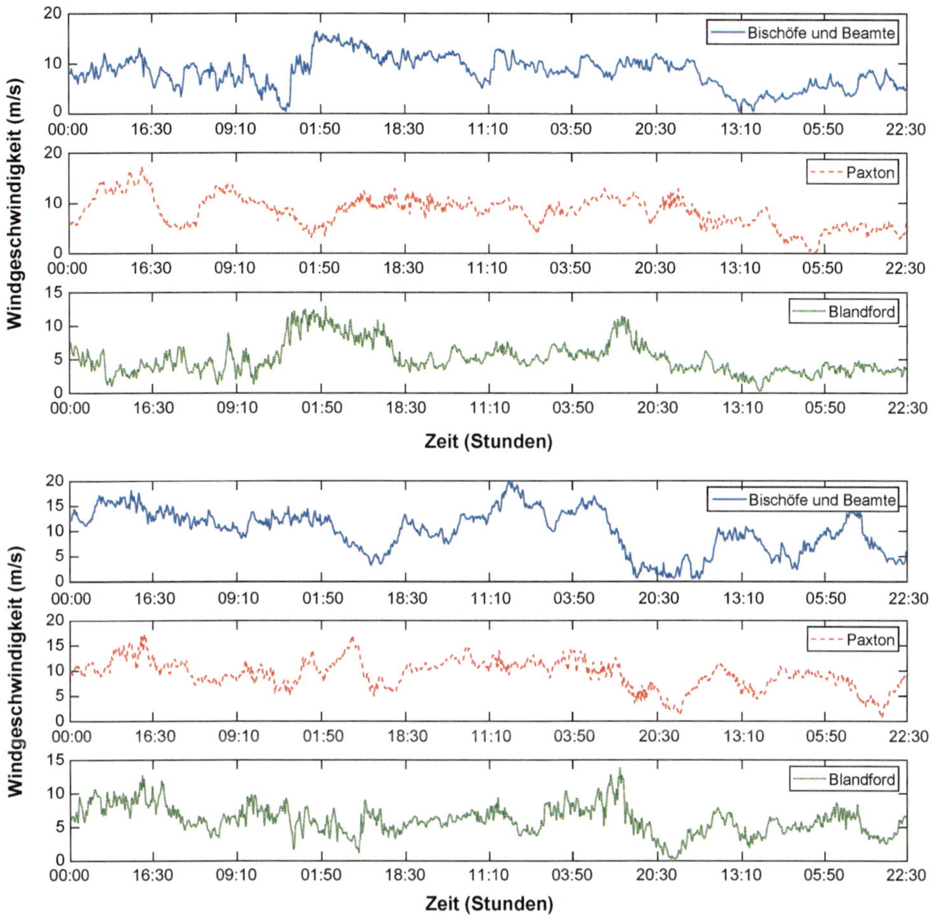

Abb. 3.3 Windgeschwindigkeitsmuster für drei Windparks in Massachusetts

bewertet. Der erste Teil befasst sich mit der Berechnung der Strafkosten für alle Alternativen durch Berechnung der Defizitleistung für den Windpark. Der zweite Teil befasst sich mit dem immateriellen Effekt, der aus den Leistungspunkten der MCDM-Methoden wie SAW, TOPSIS und COPRAS berechnet wird. Die im ersten Schritt erhaltenen Kosten werden in Bezug auf die minimalen angefallenen Strafkosten normalisiert und dann mit der Leistungspunktzahl multipliziert, um die kumulative Prioritätspunktzahl für jede Alternative zu erhalten.

Die kleinste quadratische Stützvektorregression wird implementiert, um die Windgeschwindigkeit vorherzusagen, die dann später in Windkraft umgewandelt wird. Ein Datensatz mit 1000 Stichproben wird in Training (800) und (200) segmentiert. Basierend auf der vorhergesagten Windgeschwindigkeit berechnen wir dann die vorhergesagte

Windkraft. Um festzustellen, ob ein BESS in einem bestimmten Fall geladen oder entladen wird, werden die vorhergesagten und tatsächlichen Windkräfte verglichen. Betrachten Sie zum Beispiel den Datensatz D1, bei dem Abb. 3.4 die Größe der Lade- und Entladeleistungen zu jedem Zeitpunkt veranschaulicht. Wie von Nguyen et al. vorgeschlagen, kann die BESS-Kapazität durch Berechnung der aggregierten Summe der Lade- und Entladeleistungen bestimmt werden [16]. Dasselbe Prinzip wird hier verwendet, um die BESS-Kapazität zu bestimmen. Eine optimale BESS-Kapazität unterstützt ihre Dimensionierung und ist auch ein Indikator für Platzanforderungen für einen Windparkbetreiber.

Für die Datensätze D1 und D2 ist die BESS-Kapazität in Tab. 3.3 aufgeführt.

Um die Strafkosten für eine bestimmte Alternative zu bestimmen, wird die Summe der Defizitleistung in jedem Prognosefenster berechnet. Für jede Alternative werden die Kosten für die Bereitstellung von 1 kW Defizitleistung als $\beta_w = \$0{,}5$, $\zeta_s = \$0{,}75$, $\alpha_z = \$0{,}4$ und $\delta_x = \$0{,}8$ angenommen. Es ist erwähnenswert, dass für die Alternative A_4 die Kosten für die Bereitstellung von 1 kW Defizitleistung aufgrund unregelmäßigen Ladens und Entladens als maximal angenommen werden, da dies die Batterielebensdauer erschöpfen und zu hohen Wartungskosten führen kann. Unter Verwendung des von Nguyen et al. beschriebenen Min-Max-Prinzips werden die BESS-Schwellenwerte von 955 und 110 kW für die Datensätze D2 und D1 bestimmt. Für die Datensätze D1 und D2 sind die Strafkosten ($) zusammen mit der normalisierten Kostennote (NCS) in Tab. 3.4 dargestellt.

Um den immateriellen Effekt in Form von Leistungspunkten zu bestimmen, betrachten wir vier Alternativen und drei Kriterien für den Betrieb des hybriden Windparks.

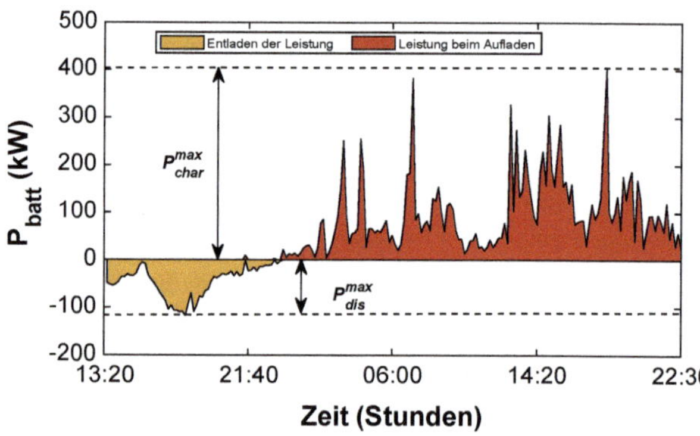

Abb. 3.4 Entlade- und Ladeleistungen für Bishop und Clerks, Januar 2011

Tab. 3.3 BESS-Kapazität für zwei Datensätze

Datensatz	BESS-Kapazität (MW)	Schwellenwert (kW)
D1	15	110
D2	50	955

Tab. 3.4 Strafkosten und normalisierte Kostennote für Datensätze D1 und D2. PC, Strafkosten; NCS, normalisierte Kostennote

Alternativen	D1		D2	
	PC ($)	NCS	PC ($)	NCS
A_1	1971,2	1,1665	6514,2	1,3238
A_2	1689,8	1,0000	4920,8	1,0000
A_3	3916,5	2,3177	13587	2,7612
A_4	2252,8	1,3332	7444,8	1,5129

Tab. 3.5 Leistungspunkte für die Entscheidungsmatrix [19]

Wichtigkeit	Leistungspunkt gemäß AHP	Leistungspunkt in der aktuellen Arbeit
Gleich bevorzugt (EP)	1	9
Gleich bis mäßig bevorzugt (EMP)	2	8
Mäßig bevorzugt (MP)	3	7
Mäßig bis stark bevorzugt (MSP)	4	6
Stark bevorzugt (SP)	5	5
Stark bis sehr stark bevorzugt (SVP)	6	4
Sehr stark bevorzugt (VP)	7	3
Sehr stark bis extrem bevorzugt (VEP)	8	2
Extrem bevorzugt (XP)	9	1

Tab. 3.5 zeigt eine logische Beziehung zwischen Kriterien und verschiedenen Alternativen. Im vorliegenden Kontext sind die diskutierten Kriterien nicht vorteilhaft, und daher vergeben wir anstelle von herkömmlichen Indizes die höchste Punktzahl für die am wenigsten bevorzugte und die niedrigste Punktzahl für die am meisten bevorzugte Alternative. Betrachten Sie Windschatten als ein Kriterium zur Bewertung der vier Alternativen. Die Leistungsverluste in einem Windpark aufgrund von Windschatten können am besten gehandhabt werden, wenn die Alternativen A_2 und A_3 praktiziert werden. Aufgrund der hohen Strafkosten für die Batterieentladung wird die Alternative A_4 nicht bevorzugt und entsprechend bewertet. Im Falle der Windabschaltung kann die gekürzte Leistung am besten gehandhabt werden, wenn sie im Falle eines Defizitszenarios an den benachbarten Windpark geliefert wird. Bei erzwungenen Ausfällen wäre es eine abrupte Entscheidung, die Leistung über ein Batteriesystem zu liefern, da dies zu einer tiefen Entladung führen und hohe Betriebskosten verursachen könnte.

Lassen Sie uns nun die Begründung für die Zuweisung von Elementwerten für jede Alternative in Bezug auf die gegebenen Kriterien in einer Entscheidungsmatrix diskutieren. Wenn es zu Windhosen kommt, sind die Leistungsverluste hoch und können am besten mit der Alternative A_3 behandelt werden, daher wird ihr eine Punktzahl von 2 zugewiesen. Für die Alternativen A_1 und A_2 wird aufgrund der hohen Strafkosten, die dem Windparkbetreiber durch ein schlechtes Vorhersageschema entstehen, eine Punktzahl von 8 bzw. 3 zugewiesen. Ebenso wird für die Alternative A_4 das Entladen einer großen Energiemenge den Betreiber des Windparks mehr kosten und ist nicht geeignet für die Batterielebensdauer. Daher wird ihr eine Punktzahl von 9 gegeben. Im Falle der Winddrosselung werden den Alternativen A_1 und A_2 Punktzahlen von 5 bzw. 4 zugewiesen, während der Alternative A_4 aufgrund hoher Betriebskosten eine Punktzahl von 7 gegeben wird. Ein erzwungener Ausfall bedeutet, dass Windturbinen-Einheiten aus dem Windpark herausgenommen werden, was dann bedeutet, dass die einzige legitime Strategie für einen Windparkbetreiber darin bestehen könnte, Strom zu liefern oder Strom von benachbarten Windparks zu leihen und dafür eine entsprechende Strafe zu zahlen.

Nach Saaty wird eine Matrix H konstruiert und basierend auf unserem MCDM-Problem wird eine Matrix H' wie folgt gegeben

$$H = \begin{array}{c} \begin{matrix} C_1 & C_2 & C_3 \end{matrix} \\ \begin{pmatrix} 2 & 3 & 1 \\ 7 & 6 & 4 \\ 8 & 7 & 9 \\ 1 & 3 & 2 \end{pmatrix} \end{array} \begin{matrix} A_1 \\ A_2 \\ A_3 \\ A_4 \end{matrix}, \quad H' = \begin{array}{c} \begin{matrix} C_1 & C_2 & C_3 \end{matrix} \\ \begin{pmatrix} 8 & 5 & 9 \\ 3 & 4 & 6 \\ 2 & 3 & 1 \\ 9 & 7 & 8 \end{pmatrix} \end{array} \begin{matrix} A_1 \\ A_2 \\ A_3 \\ A_4. \end{matrix}$$

Wir lösen das Entscheidungsproblem, nachdem wir eine Entscheidungsmatrix entworfen haben. Für die Methode des einfachen additiven Gewichtens (SAW) wird die normalisierte Entscheidungsmatrix unter Verwendung von (2.1) und (2.2) bestimmt. Weiterhin werden, wie in Abschn. 2.2.1 beschrieben, die Gewichte für die Kriterien berechnet. Für die SAW-Methode wird die normalisierte Matrix wie folgt gegeben

$$\hat{H} = \begin{bmatrix} 0{,}2500 & 0{,}6000 & 0{,}1111 \\ 0{,}6667 & 0{,}7500 & 0{,}1667 \\ 1{,}0000 & 1{,}0000 & 1{,}0000 \\ 0{,}2222 & 0{,}4286 & 0{,}1250 \end{bmatrix}. \tag{3.6}$$

Unter Verwendung von (2.3)–(2.4), basierend auf der Entropiemethode, sind die Gewichte wie folgt

$$w = \{0{,}2864, 0{,}3296, 0{,}3840\}. \tag{3.7}$$

Tab. 3.6 listet die kumulative Prioritätspunktzahl für die SAW-Methode auf. Die Prioritätspunktzahlen werden unter Verwendung der Summe des Produkts aus Gewichtungsvektor und normalisierter Matrix bestimmt.

Die Alternativen werden auf der Basis der SAW-Methode als $A_3 \succ A_2 \succ A_1 \succ A_4$ eingestuft. Es wird beobachtet, dass die Zahlung von Strafkosten, wenn die Defizitleistung von der benachbarten Windfarm geliehen wird, die beste Alternative ist, gefolgt von A_2

Tab. 3.6 Rangfolge der Alternativen, basierend auf der Methode des einfachen additiven Gewichtens (SAW)

Alternativen	D1		D2		Rangfolge
	PS	CPS	PS	CPS	
A_1	0,3120	0,3640	0,3120	0,4130	3
A_2	0,5021	0,5021	0,5021	0,5021	2
A_3	1,0000	2,3177	1,0000	2,7612	1
A_4	0,2529	0,3372	0,2529	0,3826	4

, was eine Mischung aus zwei Strategien ist. Wir versuchen, die beste Alternative mit der COPRAS-Methode zu finden. Mit derselben Entscheidungsmatrix H' wird unter Verwendung von (2.6) die Normalisierung durchgeführt und ausgedrückt als

$$\hat{H} = \begin{bmatrix} 0{,}6364 & 0{,}5025 & 0{,}6671 \\ 0{,}2387 & 0{,}4020 & 0{,}4447 \\ 0{,}1591 & 0{,}3015 & 0{,}0741 \\ 0{,}7160 & 0{,}7035 & 0{,}5930 \end{bmatrix}. \quad (3.8)$$

Wie in Abschn. 2.2.1 besprochen, basiert der Gewichtungsvektor auf der Entropiemethode

$$w = \{0{,}4142, 0{,}1201, 0{,}4658\}. \quad (3.9)$$

Unter Verwendung von (2.15) und (2.16) wird die aggregierte Summe der Kriterien bewertet. Tab. 3.7 zeigt die Prioritätsbewertung zusammen mit der kumulativen Prioritätsbewertung für die COPRAS-Methode.

Gemäß dem CPS sind die Alternativen wie folgt eingestuft $A_3 \succ A_2 \succ A_4 \succ A_1$. Wir beobachten, dass A_3 die beste Wahl für die beiden Datensätze bleibt. Hier ist es auch wichtig zu beachten, dass diese Entscheidungsresultate variieren können, wenn wir von einem Datensatz zum anderen wechseln. Der Kern dieses Ansatzes basiert auf der

Tab. 3.7 Rangfolge, basierend auf CPS für die komplexe proportionale Bewertung (COPRAS)-Methode

Alternativen	D1		D2		Rangfolge	
	PS	CPS	PS	CPS	D1	D2
A_1	0,2153	0,2511	0,2153	0,2850	4	4
A_2	0,3857	0,3857	0,3857	0,3857	2	2
A_3	1,0000	2,3177	1,0000	2,7612	1	1
A_4	0,2079	0,2772	0,2079	0,3145	3	3

Genauigkeit der prognostizierten Windleistungen. Die Entscheidungsfindung wird dann mit der TOPSIS-Methode gelöst, wobei die Matrix normalisiert wird, unter Verwendung von (2.6). Die Entropiemethode wird verwendet, um die Gewichte zu berechnen. Die normalisierte Entscheidungs-Matrix und die Gewichte werden wie folgt angegeben

$$\hat{H} = \begin{bmatrix} 0{,}6364 & 0{,}5025 & 0{,}6671 \\ 0{,}2387 & 0{,}4020 & 0{,}4447 \\ 0{,}1591 & 0{,}3015 & 0{,}0741 \\ 0{,}7160 & 0{,}7035 & 0{,}5930 \end{bmatrix}, \quad w = \{0{,}4142, 0{,}1201, 0{,}4658\}. \tag{3.10}$$

Unter Verwendung von (2.8) und (2.9) werden die positiven (PIS) und negativen idealen Lösungen (NIS) wie folgt angegeben

$$S^{+} = \{0{,}0659,\ 0{,}0362,\ 0{,}0345\},\quad S^{-} = \{0{,}2965,\ 0{,}0845,\ 0{,}3107\}.$$

Der euklidische Abstand, der auf die beste und schlechteste mögliche Alternative hinweist, wird berechnet und für den p-Norm-Abstand nehmen wir $p = 2$. Die Abstände werden wie folgt angegeben

$$D^{+} = \{0{,}0580,\ 0{,}0155,\ 0,\ 0{,}0570\}, \tag{3.11}$$

$$D^{-} = \{0{,}0008,\ 0{,}0256,\ 0{,}0659,\ 0{,}0006\}. \tag{3.12}$$

Tab. 3.8 zeigt die Rangfolge der Alternativen, basierend auf den kumulativen Prioritätswerten für die beiden Datensätze D1 und D2.

Alternativen werden für die TOPSIS-Methode als $A_3 \succ A_2 \succ A_1 \succ A_4$ eingestuft. Es wird erneut bestätigt, dass A_3 die beste Alternative unter den vier Strategien ist. Die Zahlung einer Strafe für das Defizit an Windenergie durch den Bezug von Energie aus benachbarten Windgeschwindigkeiten ist eine optimale Möglichkeit, um den zuverlässigen und sicheren Betrieb des Windparks zu gewährleisten.

Basierend auf dem greifbaren Effekt und dem immateriellen Effekt werden die kumulativen Prioritätswerte als Metrik verwendet, um die beste Alternative zu ermitteln. Abb. 3.5 zeigt die Pareto-Diagramme für die Alternativen für die beiden Datensätze.

Tab. 3.8 Rangordnung mit der TOPSIS-Methode

Alternativen	D1		D2		Rangordnung
	PS	CPS	PS	CPS	
A_1	0,0142	0,0166	0,0142	0,0188	3
A_2	0,5323	0,5323	0,5323	0,5323	2
A_3	1,0000	2,3177	1,0000	2,7612	1
A_4	0,0104	0,0139	0,0104	0,0157	4

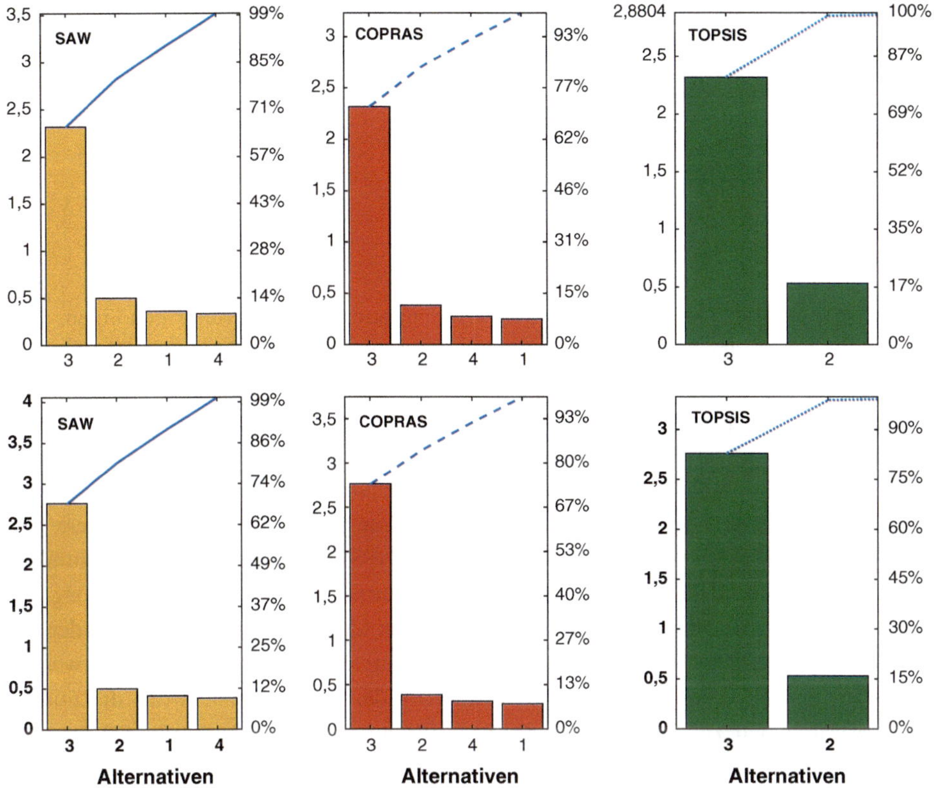

Abb. 3.5 Pareto-Diagramme für Alternativen für die Datensätze D1 und D2

3.4 Vergleichende Analyse der MCDM-Methoden

Bis jetzt haben wir drei MCDM-Methoden für den Entscheidungsprozess diskutiert. Da jede Methode ihre eigenen Vor- und Nachteile hat, ist es für einen Entscheidungsträger äußerst schwierig, eine Methode aus der Menge auszuwählen. Wir haben die SAW-, TOPSIS- und COPRAS-Methoden für den hybriden Betrieb von Windparks bewertet und vier Alternativen mit drei Kriterien ausgewählt, während es immer noch möglich ist, dass eine neue Alternative(n) oder Kriterien zum Entscheidungsprozess hinzugefügt oder daraus entfernt werden können. Mathematisch wird die Anzahl der Daten T, die in der Entscheidungsmatrix für jede MCDM-Methode berücksichtigt werden müssen, wie folgt angegeben

$$T = (H + 1)\,S, \tag{3.13}$$

, wobei H die Anzahl der Alternativen und S die Anzahl der Kriterien darstellt. Es wird beobachtet, dass für das MCDM-Problem, das sich mit dem hybriden Betrieb von

Tab. 3.9 Rangordnung unter dynamischen Entscheidungsmatrizen in den Methoden SAW, TOPSIS und COPRAS

Alternativen	Anfang	A_4	A_1	A_2
	Rang			
A_4	4			
A_1	3	3		
A_2	2	2	2	
A_3	1	1	1	1

Windparks befasst, die diskutierten Methoden mindestens 15 Urteile benötigen. Dies deutet darauf hin, dass die Methoden mit dem gleichen Niveau an Eingaben arbeiten.

Das Problem der Rangumkehr in Entscheidungsproblemen ist sehr häufig. Methoden wie PROMETHEE und AHP leiden unter Rangumkehr und können die Entscheidung verfälschen. In einigen kritischen Situationen im Finanz- und Managementbereich kann eine solche Rangumkehr die Funktion oder eine wichtige Entscheidung gefährden, was letztendlich zu einem Geschäftsrisiko führt. Wang et al. diskutierten mehrere Szenarien, in denen Methoden wie AHP, SAW und TOPSIS das Problem der Rangumkehr haben [21]. Es wird auch beobachtet, dass Rangumkehr durch die Hinzufügung von gleich gültigen Kriterien oder Alternativen auftreten kann. Aus der SAW-Methodenanalyse geht hervor, dass die Alternative A_3 die bevorzugte ist, während A_4 die am wenigsten bevorzugte Alternative ist. Um das Phänomen der Rangumkehr in den diskutierten MCDM-Methoden zu testen, lassen Sie uns die am wenigsten bevorzugte Alternative A_4 eliminieren und die Leistungsergebnisse erneut testen. Das gleiche Verfahren wird für die COPRAS- und TOPSIS-Methode wiederholt und es wird festgestellt, dass die Alternative A_3 den Entscheidungsraum dominiert, gefolgt von A_2. Diese Analyse bestätigt die Tatsache, dass die Methoden angesichts der Datensätze und der Struktur des MCDM-Problems und unter allen gegebenen Einschränkungen unempfindlich gegenüber gleichgültigen Alternativen oder Kriterien sind. Tab. 3.9 zeigt die neuen Ränge für die SAW-, TOPSIS- und COPRAS-Methoden, wenn sie auf Rangumkehr getestet werden, und versichert dem Entscheidungsträger somit ihre Robustheit unter dynamischen Bedingungen.

3.5 Entscheidungsfindung für Windparks in Hügeln

Wir diskutieren nun das Problem der Entscheidungsfindung für Windparkstandorte in Hügeln. Da es schwierig ist, drei Windparkstandorte in Hügeln zu finden, die in unmittelbarer Nähe liegen, nehmen wir drei Windparks mit Datensätzen aus hügeligen Regionen an. Betrachten Sie die Windparks XX, YY und ZZ mit ihren Windgeschwindigkeitsdaten zu den Standorten Challicum Hills (Australien), Longyuan Hills (Tibet) und Ngong Hills (Kenia). Die Windparks werden auf die beste Alternative analysiert und wie zuvor für

Onshore-Windparkstandorte bewertet. Die Windgeschwindigkeitsdaten für Mai 2019 werden in einem 10-Minuten-Intervall erfasst. Abbildung 3.6 zeigt die Zeitreihenplots der Windgeschwindigkeit für drei hügelige Windstandorte.

Zuerst wird der normalisierte Kostenscore für jede Alternative unter Verwendung der vorhergesagten und tatsächlichen Windleistungen bestimmt. Die Windleistung wird mit LSSVR vorhergesagt, wobei der Datensatz in Training (800) und Testen (200) unterteilt wird. Die Kosten für die Kompensation von 1 kW Defizit-Windleistung werden als $\beta_w = \$\ 0{,}5$, $\alpha_z = \$\ 0{,}4$, $\zeta_s = \$\ 0{,}75$ und $\delta_x = \$\ 0{,}8$ angenommen. Der normalisierte Kostenscore wird durch die Normalisierung der Gesamtkosten, die als Strafe für alle vier Alternativen anfallen, bestimmt und ist in Tab. 3.10 dargestellt.

Als Nächstes bewerten wir die Prioritätswerte für alle Alternativen, basierend auf den SAW-, TOPSIS- und COPRAS-Methoden. Da die Entscheidungsmatrix hier gleich bleibt, bleiben die Prioritätswerte für alle Alternativen unverändert. Die kumulierten Prioritätswerte sind in Tab. 3.11 für die SAW-, TOPSIS- und COPRAS-Methoden tabellarisch dargestellt.

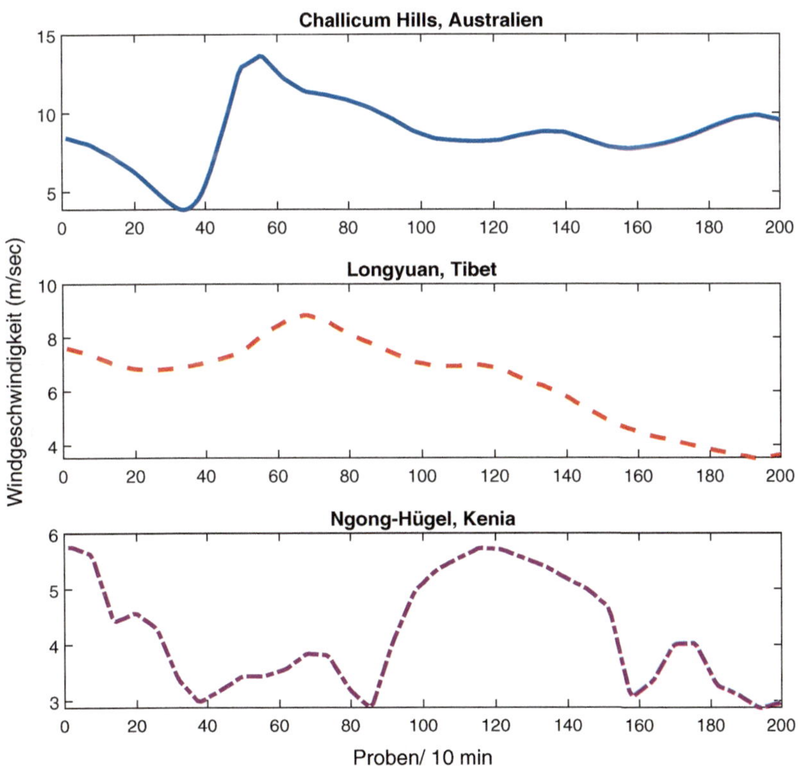

Abb. 3.6 Windgeschwindigkeits-Zeitreihen für hügelige Windstandorte

Tab. 3.10 Strafkosten und normalisierter Kostenscore für hügelige Windstandorte. PC, Strafkosten; NCS, normalisierter Kostenscore

Alternativen	Hügeliger Windstandort	
	PC ( )	NCS
A_1	52831	1,000
A_2	84530	1,600
A_3	59945	1,134
A_4	84530	1,600

Tab. 3.11 Rangfolge für hügelige Windstandorte unter Verwendung der SAW-, TOPSIS- und COPRAS-Methoden

Alternativen	SAW	TOPSIS	COPRAS	Rangfolge
	CPS	CPS	CPS	
A_1	0,3120	0,2153	0,0142	4
A_2	0,8034	0,6171	0,8517	2
A_3	1,1347	1,1347	1,1347	1
A_4	0,4046	0,3326	0,0166	3

3.6 Entscheidungsfindung für Offshore-Windparks

Der Einsatz von Offshore-Windenergiesystemen hat im Laufe der Jahre zugenommen, da auf See reichlich Windressourcen verfügbar sind. Im vorliegenden Kontext wird die Multi-Kriterien-Entscheidungstechnik angewendet, um zu sehen, wie sich die Dinge entwickeln, wenn es um Alternativen für einen Offshore-Windpark geht. Um dies zu untersuchen, werden drei Offshore-Windparks ausgewählt, nämlich Anholt (Dänemark), Horns Rev 2 (Dänemark) und Amrumbank (Deutschland), wie in Abb. 3.7 dargestellt. Die Gesamtdistanz zwischen diesen Windparks beträgt ungefähr 600 km.

Wir nähern uns nun der Konstruktion der Entscheidungsmatrix H für Offshore-Windparks. Hier wird der MCDM-Ansatz für den Windpark Anholt (Dänemark) unter Berücksichtigung der Auswirkungen der benachbarten Windparks Horns Rev 2 (Dänemark) und Amrumbank (Deutschland) durchgeführt. Zuerst bewerten wir den normalisierten Kostenscore für jede Alternative, basierend auf den prognostizierten Defiziten der Windenergie.

Die Windgeschwindigkeitsdatensätze für drei Windparks werden für den Monat Mai 2019, jeweils in einem 10-Minuten-Intervall gemessen, sind in Abb. 3.8 dargestellt.

Die Windleistung für drei Windparks wird unter Verwendung von LSSVR mit einem Trainingssatz (800) und einem Testsatz (200) vorhergesagt. Der normalisierte Kostenscore ist in Tab. 3.12 dargestellt.

Die Entscheidungsmatrix basiert auf drei Kriterien, nämlich Windeffekt, Windabschaltung und erzwungener Ausfall. Die Elemente der Entscheidungsmatrix werden basierend auf ihrer relativen Bedeutung jeder Alternative in Bezug auf jedes Kriterium ausgewählt, wie in den vorherigen Abschnitten erklärt:

Abb. 3.7 Geografische Lage der Offshore-Windparks. *Quelle* Google Maps

$$
H = \begin{array}{c} \begin{matrix} C_1 & C_2 & C_3 \end{matrix} \\ \begin{pmatrix} 2 & 3 & 1 \\ 7 & 6 & 4 \\ 7 & 9 & 9 \\ 1 & 3 & 2 \end{pmatrix} \end{array} \begin{matrix} A_1 \\ A_2 \\ A_3 \\ A_4 \end{matrix}, \quad H' = \begin{array}{c} \begin{matrix} C_1 & C_2 & C_3 \end{matrix} \\ \begin{pmatrix} 8 & 5 & 9 \\ 3 & 4 & 6 \\ 3 & 1 & 1 \\ 9 & 7 & 8 \end{pmatrix} \end{array} \begin{matrix} A_1 \\ A_2 \\ A_3 \\ A_4. \end{matrix}
$$

Basierend auf der SAW-Methode bewerten wir die Leistungspunkte für Alternativen. Zuerst wird die Entscheidungsmatrix basierend auf vorteilhaften und nicht vorteilhaften Kriterien normalisiert und ist wie folgt gegeben

$$
\hat{H} = \begin{array}{c} \begin{matrix} C_1 & C_2 & C_3 \end{matrix} \\ \begin{pmatrix} 0.3750 & 0.2000 & 0.1111 \\ 1.0000 & 0.2500 & 0.1667 \\ 1.0000 & 1.0000 & 1.0000 \\ 0.3333 & 0.1429 & 0.1250 \end{pmatrix} \end{array}.
$$

Die Gewichte werden mit der Entropiemethode berechnet und sind wie folgt gegeben $w = \{0,3893, 0,2625, 0,3483\}$, und die Leistungspunkte sind in Tab. 3.13 aufgeführt.

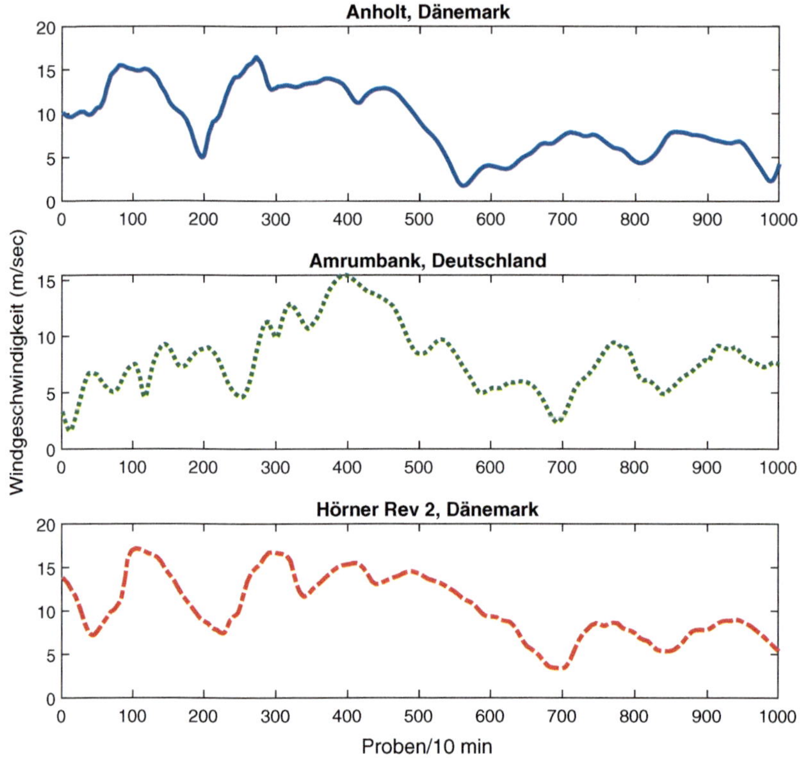

Abb. 3.8 Windgeschwindigkeits-Zeitreihen für Offshore-Windparks

Tab. 3.12 Strafkosten (PC) und normalisierter Kostenscore (NCS) für Offshore-Windparks

Alternativen	D1	
	PC ($)	NCS
A_1	37393	1,000
A_2	59829	1,600
A_3	82919	2,217
A_4	59829	1,600

Tab. 3.13 Rangfolge der Alternativen, basierend auf der SAW-Methode für Offshore-Windparkstandorte

Alternativen	PS	CPS	Rangfolge
A_1	0,2372	0,2372	4
A_2	0,5129	0,8206	2
A_3	1,0000	2,2175	1
A_4	0,2108	0,3019	3

Als Nächstes verwenden wir die TOPSIS-Methode, um das MCDM-Problem mit der normalisierten Entscheidungsmatrix zu lösen, die gemäß (2.6) berechnet wurde und wie folgt gegeben ist:

$$\hat{H} = \begin{bmatrix} 0{,}6266 & 0{,}5241 & 0{,}6671 \\ 0{,}2350 & 0{,}4193 & 0{,}4447 \\ 0{,}2350 & 0{,}1048 & 0{,}0741 \\ 0{,}7049 & 0{,}7338 & 0{,}5930 \end{bmatrix}. \tag{3.14}$$

Mit der in Abschn. 2.2.1 genannten Entropiemethode können die Gewichte bestimmt werden und sind wie folgt gegeben:

$$w = \{0{,}2602,\ 0{,}3437,\ 0{,}3961\}. \tag{3.15}$$

Positive und negative ideale Lösungen werden unter Verwendung von (2.8) und (2.9) erarbeitet und sind wie folgt gegeben:

$$S^{+} = \{0{,}0611,\ 0{,}0360,\ 0{,}0294\},\ S^{-} = \{0{,}1834,\ 0{,}2522,\ 0{,}2642\}.$$

Weiterhin wird die euklidische Distanz vom PIS und NIS unter Verwendung von (2.11) berechnet, wobei $p = 2$ ist und gefunden wird als

$$D^{+} = \{0{,}0432,\ 0{,}0166,\ 0,\ 0{,}0520\}, \tag{3.16}$$

$$D^{-} = \{0{,}0028,\ 0{,}0172,\ 0{,}0584,\ 0{,}0004\}. \tag{3.17}$$

Tab. 3.14 zeigt die Rangfolge der Alternativen, basierend auf der TOPSIS-Methode. Entlang der gleichen Entscheidungsmatrix wird das MCDM-Problem mit der COPRAS-Methode angegangen. Für die Normalisierung verwenden wir jedoch (2.6)

$$\hat{H} = \begin{bmatrix} 0{,}6266 & 0{,}5241 & 0{,}6671 \\ 0{,}2350 & 0{,}4193 & 0{,}4447 \\ 0{,}2350 & 0{,}1048 & 0{,}0741 \\ 0{,}7049 & 0{,}7338 & 0{,}5930 \end{bmatrix}. \tag{3.18}$$

Basierend auf der im (Abschn. 2.2.1) beschriebenen Entropiemethode werden die Gewichte wie folgt angegeben:

Tab. 3.14 Rangfolge unter Verwendung der TOPSIS-Methode für Offshore-Windparkstandorte

Alternativen	PS	CPS	Rangfolge
A_1	0,0610	0,0610	3
A_2	0,5086	0,8137	2
A_3	1,0000	2,2175	1
A_4	0,0082	0,0131	4

Tab. 3.15 Rangstrategien für Offshore-Windparkstandorte basierend auf der COPRAS-Methode

Alternativen	PS	CPS	Rang
A_1	0,2083	0,2083	4
A_2	0,0172	0,5307	2
A_3	1,0000	2,2175	1
A_4	0,1887	0,3019	3

$$w = \{0{,}2602,\ 0{,}3437,\ 0{,}3961\}. \tag{3.19}$$

Unter Verwendung der Gleichungen (2.14)–(2.16) werden die Leistungspunkte berechnet und die endgültigen Ränge auf CPS-Basis, wie in Tab. 3.15 aufgeführt, berechnet.

Dieses Kapitel befasst sich mit multikriteriellen Methoden zur Lösung des Entscheidungsproblems für den hybriden Betrieb von Windparks. Der vorgeschlagene Ansatz basiert auf der Identifizierung der Kriterien, die den hybriden Betrieb beeinflussen. In unserer Definition von hybriden Windparks haben wir einen Park zusammen mit einem Batteriesystem, das bei Windkraftdefiziten funktioniert. Für diese Studie werden zwei Datensätze für Windstandorte in der Nähe von Massachusetts, die als D1 und D2 bezeichnet werden, herangezogen. Die Windleistungen werden mittels kleinster Quadrate Support Vector Regression vorhergesagt, indem ein Satz von 800 Stichproben trainiert wird. Die vorhergesagte Windleistung wird dann mit der tatsächlichen Windleistung verglichen und die Defizitleistung wird auf der Basis der Vorhersagefehler berechnet. Der normalisierte Kostenscore wird für jede Alternative erhalten, basierend auf der Minimierungsnormalisierung. Drei Methoden, nämlich SAW, TOPSIS und COPRAS, werden verwendet, um die Leistungsscores zu ermitteln. Ein kumulativer Prioritätenscore wird dann verwendet, um die beste Alternative auszuwählen. Die Methoden TOPSIS, SAW und COPRAS zeigten A_3 als die beste Alternative an, während bei den Alternativen A_1 und A_4 für die COPRAS-Methode ein Rangumkehrungseffekt beobachtet wird. In der Zwischenzeit testen wir den vorgeschlagenen Ansatz auch für hügelige und Offshore-Windparkstandorte und die Ergebnisse zeigen, dass die Alternative A_3 die bevorzugte Wahl ist.

Literatur

1. Center WE (2019) Bishop and clerks, nantucket sound | wind energy center. https://www.umass.edu/windenergy/resourcedata/Bishop_and_Clerks. Zugegriffen: 20 Feb 2019
2. Deng Y, Yu Z, Liu S (2010) A review on scale and siting of wind farms in China. Wind Energy 14(3):463–470
3. Garni HA, Kassem A, Awasthi A, Komljenovic D, Al-Haddad K (2016) A multicriteria decision making approach for evaluating renewable power generation sources in Saudi Arabia. Sustain Energy Technol Assess 16:137–150

4. Georgiou D, Mohammed ES, Rozakis S (2015) Multi-criteria decision making on the energy supply configuration of autonomous desalination units. Renew Energy 75:459–467
5. Haralambopoulos D, Polatidis H (2003) Renewable energy projects: structuring a multi-criteria group decision-making framework. Renew Energy 28(6):961–973
6. Henriot A (2015) Economic curtailment of intermittent renewable energy sources. Energy Econ 49:370–379
7. ho Hur S (2018) Modelling and control of a wind turbine and farm. Energy 156:360–370. https://doi.org/10.1016/j.energy.2018.05.071
8. Jahan A, Edwards KL (2015) A state-of-the-art survey on the influence of normalization techniques in ranking: improving the materials selection process in engineering design. Mater Des 1980–2015(65):335–342
9. Keyser WD, Peeters P (1996) A note on the use of PROMETHEE multicriteria methods. Eur J Oper Res 89(3):457–461
10. Kolios A, Rodriguez-Tsouroukdissian A, Salonitis K (2016) Multi-criteria decision analysis of offshore wind turbines support structures under stochastic inputs. Ships Offshore Struct 11(1):38–49
11. Kundakcı N (2018) An integrated method using MACBETH and EDAS methods for evaluating steam boiler alternatives. J Multi-Criteria Decis Anal
12. Lee AH, Hung MC, Kang HY, Pearn W (2012) A wind turbine evaluation model under a multi-criteria decision making environment. Energy Convers Manag 64:289–300
13. Lowson MV (1993) Assessment and prediction of wind turbine noise. Technical report, United Kingdom. http://inis.iaea.org/search/search.aspx?orig_q=RN:25009728, eTSU-W–13/00284/REP
14. Mahdy M, Bahaj AS (2018) Multi criteria decision analysis for offshore wind energy potential in Egypt. Renew Energy 118:278–289
15. Majumder M (2015) Impact of urbanization on water shortage in face of climatic aberrations. Springer, Singapore
16. Nguyen CL, Lee HH, Chun TW (2015) Cost-optimized battery capacity and short-term power dispatch control for wind farm. IEEE Trans Ind Appl 51(1):595–606
17. Patel P, Shandilya A, Deb D (2017) Optimized hybrid wind power generation with forecasting algorithms and battery life considerations. In: 2017 IEEE power and energy conference at Illinois (PECI). IEEE
18. Roth M (2018) Renewable energy and landscape quality. Jovis Verlag, Berlin
19. Saaty R (1987) The analytic hierarchy process- what it is and how it is used. Math. Model. 9(3):161–176
20. Tennekes H (1973) The logarithmic wind profile. J Atmos Sci 30(2):234–238
21. Wang YM, Luo Y (2009) On rank reversal in decision analysis. Math Comput Model 49(5–6):1221–1229. https://doi.org/10.1016/j.mcm.2008.06.019

Fuzzy-basierte Entscheidungsfindung in hybriden Windparks

4

Die steigende Energienachfrage hat in letzter Zeit die Besorgnis über erneuerbare Energien verstärkt. Der Betrieb eines hybriden Windparks wird oft in Betracht gezogen, wenn große Energiesysteme miteinander verbunden werden, wobei die Entscheidung vom Betreiber des Windparks abhängt. Die Wahl der besten Strategie führt zu einem optimalen Marktszenario. Die vorliegende Arbeit befasst sich mit der multikriteriellen Entscheidungsfindung für hybride Windparks. Ein greifbarer und nicht greifbarer Effekt des Windphänomens wird berücksichtigt, um die kumulative Priorität jeder Alternative basierend auf der Basis einer Reihe von Kriterien zu ermitteln.

Wie bereits erklärt, ist die Entscheidungsfindung der Prozess der Ermittlung der bestmöglichen Option unter den machbaren Alternativen in einer Umgebung, in der Ziele, Einschränkungen und Ergebnisse der getroffenen Maßnahmen ungenau bleiben, und unter solchen Bedingungen kann die Fuzzy-Set-Theorie verwendet werden, um mit der Unschärfe in der Entscheidungsfindung umzugehen. Aufgrund der stochastischen Natur des Windes sind fuzzy-basierte TOPSIS- und COPRAS-Methoden Kandidatenmethoden, die implementiert werden können, um die beste Lösung zu ermitteln. Darüber hinaus werden Unsicherheiten in der Entscheidungsfindung berücksichtigt, um das Phänomen der Rangumkehr unter den Alternativen zu bewerten. Die Ergebnisse zeigen, dass die Zahlung einer Strafe für den von einem benachbarten Windpark geliehenen Defizitstrom die beste Option ist.

4.1 Einführung

Unsicherheiten in der Windgeschwindigkeit beeinflussen die Energieeinschätzung, die wirtschaftliche Studie von Windparks, die Mikrostandortbestimmung und die Windgeschwindigkeitsvorhersage. Fuzzy-Logik und Wahrscheinlichkeitsverteilungstechniken

H. Dhiman und D. Deb, *Entscheidung und Steuerung in hybriden Windparks*,
https://doi.org/10.1007/978-981-97-8339-7_4

werden häufig verwendet, um jegliche durch solche Zufälligkeiten verursachte Defizite zu überbrücken. Fuzzy-Logik findet ihre Anwendung in der Modellierung von Energieplanungsaktivitäten und befasst sich mit Echtzeitanwendungen, indem semantische Werte zugewiesen werden. Verschiedene Methoden existieren, die die genannte Unsicherheit in Form von Mitgliedsfunktionen des dreieckigen, trapezförmigen und Gauß'schen Typs ausdrücken. Jafarian et al. haben die jährliche Windenergieproduktion für 25 verschiedene Standorte in den Niederlanden auf der Basis der Fuzzy-Modellierung und ANN untersucht [11].

Die mit der Fuzzy-Technik und ANN geschätzte Windenergie wird mit den herkömmlichen Methoden wie Zufallszahlengenerierung, Kiranoudis-Methode und Ein-Zwei-Drei-Gleichungsmethode verglichen. Die vorgeschlagene Methode wird für zwei Turbinenmodelle (S47 und E82) validiert. In Bezug auf die Vorhersage haben Wang et al. einen hybriden Ansatz unter Verwendung eines Fuzzy-Zeitreihenmodells für den Hainan-Windpark in China vorgestellt [18]. Das Modell ist in zwei Teile unterteilt. Zuerst werden die Ausreißer bestimmt, basierend auf dem anfänglichen ARMA-Modell, und zweitens wird die Windvorhersage unter Verwendung eines neuronalen Netzwerks durchgeführt, basierend auf einem Backpropagation-Prinzip. Fuzzy-Logik wird auch angewendet, um Schwankungen im elektromagnetischen Drehmoment in Windenergieumwandlungssystemen (WECS) zu mildern. Bezza et al. beschreiben einen MPPT-Fuzzy-Controller zur Reduzierung der Auswirkungen von Windschwankungen auf einen 10-W-Doppeltgespeisten-Induktionsgenerator (DFIG). Der Rotorseitenwandler (RSC) des DFIG wird mit einem Fuzzy-Logik-Controller gesteuert [3].

In Bezug auf die Optimierung haben Benlarbi et al. eine auf Fuzzy-Logik basierende Optimierungsmethode demonstriert, um die Gesamteffizienz des PV-Wasserpumpensystems zu maximieren. Fuzzy-Logik wird verwendet, um das Tastverhältnis der durch einen Induktionsmotor verbundenen, choppergetriebenen Wasserpumpe zu optimieren [2]. Entscheidungsfindung ist ein wichtiges Marktverfahren, bei dem Übertragungs- und Verteilungsbetreiber versuchen, ihre Gewinne zu maximieren, indem sie eine optimale Strategie umsetzen. Die multikriterielle Entscheidungsfindung (MCDM), die in letzter Zeit im Rampenlicht steht, ermöglicht es den Entscheidungsträgern, die bestmögliche Alternative auszuwählen. Unter den MCDM-Methoden sind der analytische hierarchische Prozess (AHP), die Technik zur Ordnung oder Präferenz nach Ähnlichkeit zur idealen Lösung (TOPSIS) und die komplexe proportionale Bewertung (COPRAS) beliebte Wahlmöglichkeiten, die von Entscheidungsträgern weltweit häufig praktiziert werden, wie im letzten Kapitel zu sehen war.

Die Fuzzy-basierte Analytische Netzwerkprozess (FANP)-Methode wurde von Shafiee angewendet, um das Risiko im Zusammenhang mit Offshore-Windparks zu bewerten [17]. Ein solcher Windpark mit insgesamt 30 2-MW-Windturbinen wird untersucht, und vier Methoden zur Minderung des Betriebsrisikos werden untersucht, um die beste Alternative zu identifizieren. Die Ergebnisse von FANP werden mit AHP verglichen. Darüber hinaus haben Chen et al. eine Fuzzy-AHP-Methode demonstriert, um den besten Plan oder die beste Strategie für das Umwelt-Wassereinzugsgebiet in Taiwan auszuwählen [7]. Fuzzy-Logik wird verwendet, um Kriterien in Bezug auf eine linguistische Skala zu gewichten. Wang Chen et al. haben Fuzzy-AHP- und Fuzzy-TOPSIS-Methoden vorgestellt, um das Problem der Auswahl grüner Lieferanten unter Berücksichtigung der Umwelt- und Wirtschaftsfaktoren zu bewerten [6]. Chamodrakas et al. haben das Problem der Lieferantenauswahl für elektronische Marktplätze unter Verwendung der Fuzzy-Präferenzprogrammierung diskutiert, bei der das anfängliche Screening der Alternativen durch harte Grenzen bei den Auswahlattributen erfolgt [4].

Die multikriterielle Entscheidungsfindung wird auch verwendet, um geeignete Windturbinen auszuwählen, wie von Lee et al. unter Verwendung der interpretativen Strukturmodellierung (ISM) und des Fuzzy-Analytischen-Hierarchieprozesses (FAHP) untersucht [12]. Für jedes Kriterium wird ein Unterkriterium identifiziert, und eine binäre Matrix, die die Beziehung zwischen ihnen anzeigt, wird erstellt. Ghosh et al. haben eine Studie zur Bewertung der Empfindlichkeit von Feuchtgebieten in Kolkata unter Verwendung von Fuzzy-MCDM-Techniken durchgeführt [8]. Die Ergebnisse zeigen, dass 60% des Gebiets zwischen mittleren bis hohen Feuchtgebietsumwandlungszonen liegen und somit der Gemeindeverwaltung helfen, gefährdete Zonen in der Nähe zu bewerten. Zhao et al. haben einen integrierten Fuzzy-MCDM-Ansatz beschrieben, um das beste Batteriespeichersystem (BESS) unter Berücksichtigung der mit technologischen, sozialen und Umweltfaktoren verbundenen Risiken auszuwählen [20]. Die empirische Analyse zeigt, dass die Lithium-Ionen-Batterie bevorzugt wird, gefolgt von der Natriumsulfid-Batterie. Darüber hinaus werden Fuzzy-Delphi- und Fuzzy-AHP-Methoden angewendet, um eine geeignete Technologie zur Regeneration von Schmierstoffen auszuwählen. In dieser Arbeit wird Fuzzy-Delphi verwendet, um die kritischen Faktoren der Regenerationstechnologie durch rigorose Interviews und Fragebögen zu extrahieren, und die Fuzzy-AHP-Methode wird verwendet, um die Alternativen zu bewerten [10]. Darüber hinaus haben Hsu et al. eine kombinierte Fuzzy-AHP- und Fuzzy-VIKOR-Methode angewendet, um für eine Fallstudie die Dienstleistungslücken eines Kinos in Taiwan zu bewerten, bei der Managementstrategien empirisch bewertet werden [9]. Die Ergebnisse zeigten, dass unter Berücksichtigung der Kundenwünsche und -wahrnehmungen die Manager die Dienstleistungsqualität in einer unscharfen Umgebung entsprechend verbessern können. Samanlioglu et al. haben einen Fuzzy-AHP- und Fuzzy-TOPSIS-MCDM-Ansatz demonstriert, um IT-Personal für eine türkische Molkerei auszuwählen [16]. Eine Gruppe von drei Entscheidungsträgern ist an der Bewertung der Alternativen beteiligt, für die Fuzzy-TOPSIS mit den von Fuzzy-AHP gegebenen Kriteriengewichten implementiert wird. Der Hauptschwerpunkt dieses Kapitels liegt in der Formulierung des hybriden Betriebs von Windparks sowie in der Identifizierung einer Reihe von Kriterien mit greifbaren und nicht greifbaren Auswirkungen des dynamischen Windphänomens. Schließlich werden Fuzzy-TOPSIS- und

Fuzzy-COPRAS-Methoden angewendet, um den hybriden Betrieb von Windparks zu adressieren. Mit Bezug auf dynamische Entscheidungsmatrizen wird das Phänomen der Rangumkehr untersucht und für die Anwendung in Windparks validiert. Dieses Kapitel ist wie folgt organisiert: Abschn. 4.2 diskutiert die Fuzzy-Grundlagen zusammen mit Fuzzy-MCDM-Techniken (Fuzzy-TOPSIS und Fuzzy-COPRAS) für den hybriden Betrieb von Windparks. Abschn. 4.3 hebt Ergebnisse und Diskussionen zu einem Problem im Zusammenhang mit drei Windparks hervor.

4.2 Fuzzy MCDM: Materialien und Methoden

In diesem Abschnitt stellen wir einen auf Fuzzy-Logik basierenden MCDM-Ansatz vor, um das genannte hybride Windparkproblem zu lösen. Ein generisches Flussdiagramm für Fuzzy-MCDM ist in Abb. 4.1 dargestellt. Aufgrund der zufälligen Natur des Windes hilft die Fuzzy-Logik den Entscheidungsträgern, den Alternativen für ein gegebenes Kriterium (vorteilhaft und nicht vorteilhaft) linguistische Werte zuzuweisen.

Die qualitative Bedeutung der Kriterien wird betrachtet, um jegliche Voreingenommenheit zu mindern, die durch günstige Situationen entstehen könnte. Als Nächstes besprechen wir Fuzzy-Zahlen und grundlegende arithmetische Operationen, die im MCDM-Ansatz nützlich sind.

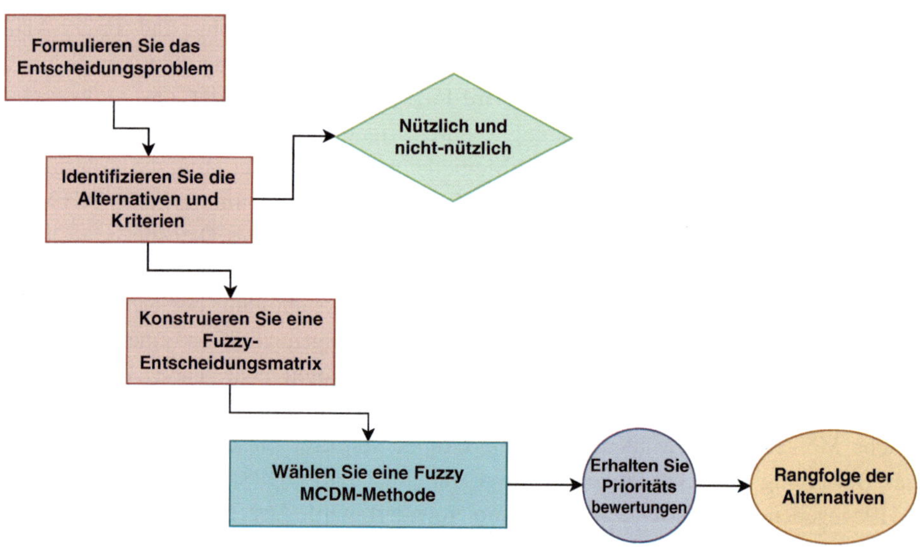

Abb. 4.1 Schematische Darstellung des Fuzzy-MCDM-Problems für Windparks

4.2.1 Fuzzy-Zahlen: Grundlagen

Eine Fuzzy-Menge $\bar{B}$ in X wird definiert als

$$\bar{B} = \{x, \mu_B(x)\}, x \in X, \tag{4.1}$$

wobei $\mu_B(x) : X \to [0, 1]$ eine Mitgliedsfunktion von $\bar{B}$ darstellt und $\mu_B(x)$ der Grad der Zugehörigkeit von x in $\mu_B(x)$ ist. Da $\mu_B(x)$ einen Wert zwischen 0 und 1 hat, gehört x zu einer Fuzzy-Menge $\bar{B}$. Dreieckige Fuzzy-Zahlen (TFNs) werden oft verwendet, um einen Grad der Unsicherheit im Zusammenhang mit Alternativen auszudrücken [14]. Eine Mitgliedsfunktion $\mu_B(x)$ für TFNs $\bar{B} = (e, f, g)$ wird gegeben als

$$\mu_B(x) = \begin{cases} 0 & \text{for } x < e \\ \dfrac{x-e}{f-e} & \text{for } e \leq x \leq f \\ \dfrac{x-g}{g-f} & \text{for } g \leq x \leq h \\ 0 & \text{for } x > f, \end{cases} \tag{4.2}$$

wobei (e, f, g) die reellen Zahlen sind. Die arithmetischen Operationen auf Fuzzy-Zahlen $\bar{B}_1 = (e_1, f_1, g_1)$ und $\bar{B}_2 = (e_2, f_2, g_2)$ werden beschrieben als

1. Addition: $\bar{B}_1 + \bar{B}_2 = (e_1 + e_2, f_1 + f_2, g_1 + g_2)$.
2. Subtraktion: $\bar{B}_1 - \bar{B}_2 = (e_1 - e_2, f_1 - f_2, g_1 - g_2)$.
3. Multiplikation: $\bar{B}_1 \times \bar{B}_2 = (e_1 \times e_2, f_1 \times f_2, g_1 \times g_2)$.
4. Division: $\bar{B}_1 \div \bar{B}_2 = (e_1 \div e_2, f_1 \div f_2, g_1 \div g_2)$.
5. Inverse einer TFN: $\bar{B}_1^{-1} = \left(\frac{1}{g_1}, \frac{1}{f_1}, \frac{1}{e_1}\right)$.

4.2.2 Fuzzy-TOPSIS

Von Chen vorgeschlagen, wird Fuzzy-TOPSIS in Entscheidungsprozessen implementiert, die keine Gewissheit aufweisen [5]. Die TOPSIS-Methode wird erweitert, indem linguistische Werte als Leistungspunkte in der Entscheidungsmatrix zugewiesen werden. Da die Entscheidungsfindung von Person zu Person variiert, wird die Fuzzy-TOPSIS-Methode unter k Entscheidungsträgern für k bestehende Fuzzy-Entscheidungsmatrizen durchgeführt.

Diese Methode ist geeignet, um Gruppenentscheidungen in einer unscharfen Umgebung zu lösen. In dieser Methode werden die wichtigen Gewichte, die mit verschiedenen Kriterien verbunden sind, als linguistische Variablen mit den als unscharfe Zahlen angegebenen

Werten angegeben. Die Bewertungen der Kriterien werden in linguistischen Variablen angegeben, deren Werte als unscharfe Zahlen angegeben sind. Die Entscheidungsträger nutzen die linguistischen Variablen und deren angegebene Werte, um die Bedeutung der Kriterien zu bewerten.

Das Verfahren von Fuzzy-TOPSIS wird wie folgt angegeben:

1. Erhalten Sie aggregierte Gewichte ($\tilde{w}_{ij}$) der Kriterien, die von k Entscheidungsträgern bewertet wurden, sowie die aggregierte Leistungspunktzahl ($\tilde{h}_{ij}$) der Alternativen A_i ($i = 1, 2, \ldots m$) in Bezug auf C_j ($j = 1, 2, \ldots n$), gegeben durch

$$\tilde{w}_{ij} = \frac{1}{k}\left(\tilde{w}_{ij}^1 + \tilde{w}_{ij}^2 + \cdots + \tilde{w}_{ij}^k\right), \ \tilde{h}_{ij} = \frac{1}{k}\left(\tilde{h}_{ij}^1 + \tilde{h}_{ij}^2 + \cdots + \tilde{h}_{ij}^k\right). \tag{4.3}$$

2. Unter Verwendung von (4.3) wird die aggregierte Entscheidungsmatrix H wie folgt angegeben:

$$H = \begin{array}{c} \begin{matrix} C_1 & C_2 & \ldots & C_n \end{matrix} \\ \begin{pmatrix} \tilde{h}_{11} & \tilde{h}_{12} & \ldots & \tilde{h}_{1j} \\ \tilde{h}_{21} & \tilde{h}_{22} & \ldots & \tilde{h}_{2j} \\ \vdots & \vdots & & \vdots \\ \tilde{h}_{i1} & \ldots & \ldots & \tilde{h}_{ij} \end{pmatrix} \begin{matrix} A_1 \\ A_2 \\ \vdots \\ A_m. \end{matrix} \end{array}$$

3. Eine normalisierte Fuzzy-Entscheidungsmatrix D mit ihren Elementen $\tilde{d}_{ij}$ für vorteilhafte und nicht vorteilhafte Kriterien wird wie folgt angegeben:

$$\tilde{d}_{ij} = \left(\frac{e_{ij}}{g_j^+}, \frac{f_{ij}}{g_j^+}, \frac{g_{ij}}{g_j^+}\right) \ ; g_j^+ = \textbf{max} \ g_{ij}, \tag{4.4}$$

$$\tilde{d}_{ij} = \left(\frac{e_j^-}{g_{ij}}, \frac{e_j^-}{f_{ij}}, \frac{e_j^-}{e_{ij}}\right) \ ; e_j^- = \textbf{min} \ e_{ij}. \tag{4.5}$$

Die Normalisierung erfolgt so, dass die Bereiche der normalisierten dreieckigen unscharfen Zahlen zu [0, 1] gehören.

4. Erhalten Sie die gewichtete normalisierte Entscheidungsmatrix, wobei die Gewichte $\tilde{w}_{ij}$ für jedes Kriterium gegeben sind:

$$\tilde{H} = [\tilde{h}_{ij}]_{m \times n} = \tilde{w}_{ij} \times \tilde{d}_{ij}. \tag{4.6}$$

5. Erhalten Sie nun die fuzzy positive (FPNIS) und negative ideale Lösung (FNIS) wie folgt

$$G^+ = \{\tilde{h}_1^+, \tilde{h}_2^+, \ldots, \tilde{h}_m^+\}, \ G^- = \{\tilde{h}_1^-, \tilde{h}_2^-, \ldots, \tilde{h}_m^-\}. \tag{4.7}$$

6. Verwenden Sie euklidische Distanzen z_j^+ und z_j^- für jede Alternative von ihren jeweiligen FPIS und FNIS:

$$z_i^+ = \sum_{j=1}^{n} z_p(\tilde{h}_{ij}, \tilde{h}_j^+), \quad z_i^- = \sum_{j=1}^{n} z_p(\tilde{h}_{ij}, \tilde{h}_j^-), \tag{4.8}$$

$$z_p(x, y) = \sqrt{\frac{1}{3}(e_x - e_y)^2 + (f_x - f_y)^2 + (g_x - g_y)^2}, \tag{4.9}$$

und $x = (e_x, f_x, g_x)$ und $y = (e_y, f_y, g_y)$ als die zwei TFNs und $z_p(x, y)$ als die euklidische Distanz nach der Scheitelpunktmethode, erhalten wir die Prioritätsbewertung (O_i) für jede Alternative und ordnen sie in absteigender Reihenfolge:

$$O_i = \frac{z_i^-}{z_i^- + z_i^+}. \tag{4.10}$$

4.2.3 Fuzzy-COPRAS

Das komplexe proportionale Bewertungsverfahren (COPRAS) wird seit 1994 erfolgreich eingesetzt, um den Entscheidungsprozess zu untersuchen. Zavadskas et al. setzten es ein, um Probleme im Zusammenhang mit Bauwirtschaft und Ökonomie zu lösen [19]. Aufgrund der Unsicherheiten im Entscheidungsprozess wird jedoch eine unscharfe COPRAS-Methode, die im Wesentlichen auf der COPRAS-Methodik basiert, zur Lösung des MCDM-Problems angewendet. Bekar et al. haben eine unscharfe COPRAS-Methode vorgestellt, um die Leistungskennzahlen in der produktiven Instandhaltung zu bewerten [1]. In diesem Papier wird eine vergleichende Analyse zwischen der COPRAS-Methode mit grauen Relationen und der unscharfen COPRAS-Methode durchgeführt. Darüber hinaus haben Nourianfar et al. das Auswahlproblem im Lieferkettenmanagement mit der unscharfen COPRAS-Methode untersucht [13]. Hier werden die Kriteriengewichte mit trapezförmigen unscharfen Zahlen (TrFNs) zugewiesen und das Lieferantenauswahlproblem auf der Basis von vier Kriterien gelöst: (i) Produktqualität, (ii) Beziehungsnähe, (iii) Lieferleistung und (iv) Preis. Nun besprechen wir die Schritte, die zur Lösung des MCDM-Problems mit der unscharfen COPRAS-Methode befolgt werden.

1. Formulieren Sie das MCDM-Problem basierend auf einer Reihe von Alternativen $(A_i; i = 1, 2, \ldots, m)$ und Kriterien $(C_j; j = 1, 2, \ldots, n)$ und erstellen Sie eine Fuzzy-Entscheidungsmatrix.
2. Erhalten Sie die normalisierte Fuzzy-Entscheidungsmatrix unter Verwendung von (4.4) und (4.5) wie in der Fuzzy-TOPSIS-Methode.
3. Für jede Alternative A_i erhalten Sie aggregierte vorteilhafte und nicht vorteilhafte Indizes T_i^+ und T_i^- wie

$$\tilde{T}_i^+ = \left\{ \sum_{j=1}^{t} \tilde{h}_{ij}^e, \sum_{j=1}^{t} \tilde{h}_{ij}^f, \sum_{j=1}^{t} \tilde{h}_{ij}^g \right\}, \tilde{T}_i^- = \left\{ \sum_{j=t+1}^{n} \tilde{h}_{ij}^e, \sum_{j=t+1}^{n} \tilde{h}_{ij}^f, \sum_{j=t+1}^{n} \tilde{h}_{ij}^g \right\}, \quad (4.11)$$

wobei $j = 1, 2, \dots t$ die vorteilhaften Kriterien sind und $j = t + 1, t + 2, \dots, n$ die nicht vorteilhaften Kriterien sind.

4. Bestimmen Sie unter Verwendung von (4.12) die exakten Werte $U(\tilde{B})$ für jede Alternative A_i aus den Fuzzy-Zahlen ($\bar{B} = (e, f, g)$), die im vorherigen Schritt erhalten wurden:

$$U(\tilde{B}) = 2e(1 - \alpha) + \frac{g - f}{2}(1 - \alpha)^2, \quad (4.12)$$

wobei $\alpha \in [0, 1]$ der Alpha-Schnitt der fuzzy Menge B in X ist, sodass $\bar{B}^\alpha = \{x \in X : \mu_B(x) > \alpha\}$.

5. Erhalten Sie die Prioritätswerte und ordnen Sie sie in absteigender Reihenfolge:

$$XC_i = \frac{U_i}{U_{max}} \times 100\%. \quad (4.13)$$

Die aktuellen unscharfen TOPSIS- und unscharfen COPRAS-Methoden werden angewendet, um das Problem des hybriden Windparkbetriebs zu lösen, bei dem eine Reihe von vier Alternativen auf der Grundlage von drei Kriterien bewertet werden. Die unscharfe Entscheidungsmatrix wird basierend auf linguistischen Bewertungen erstellt, die einer Alternative in Bezug auf jedes Kriterium zugewiesen werden. Da alle Kriterien in unserem MCDM-Problem nicht vorteilhaft sind, definieren wir die linguistischen Bewertungen so, dass die am wenigsten bevorzugte Alternative die höchste Bewertung erhält und umgekehrt. Tab. 4.1 beschreibt die linguistischen Bewertungen (LS), die zur Erstellung der unscharfen Entscheidungsmatrix verwendet werden.

Da der Windeffekt in einem Windpark zu großen Energieverlusten führt, wird es für einen Betreiber wirtschaftlich nicht vorteilhaft sein, die Verluste durch Zahlung einer Strafe auszugleichen. In solchen Fällen ist es besser, eine gleichwertige Strafe für geliehene Energie zu zahlen. Die gleiche Methode des Energieausleihens ist am besten für die Situation der Winddrosselung geeignet, da es nicht wirtschaftlich ist, Energie in gro-

Tab. 4.1 Leistungsbewertungen für die Entscheidungsmatrix [15]

Wichtigkeit	LS gemäß AHP	LS in dieser Arbeit
Gleich bevorzugt (EP)	(1, 1, 3)	(7, 9, 9)
Mäßig bevorzugt (MP)	(1, 3, 5)	(5, 7, 9)
Stark bevorzugt (SP)	(3, 5, 7)	(3, 5, 7)
Sehr stark bevorzugt (VSP)	(5, 7, 9)	(1, 3, 5)
Extrem bevorzugt (XP)	(7, 9, 9)	(1, 1, 3)

Tab. 4.2 Linguistische Bewertungen für Kriteriengewichte

Wichtigkeit	LS
Sehr niedrig (VL)	(1, 1, 3)
Niedrig (L)	(1, 3, 5)
Durchschnittlich (AVG)	(3, 5, 7)
Hoch (H)	(5, 7, 9)
Sehr hoch (VH)	(7, 9, 9)

ßem Umfang abzugeben. Im Falle von erzwungenen Ausfällen ist es jedoch offensichtlich, dass die Entfernung einer oder mehrerer Turbineneinheiten zu einer plötzlichen Reduktion der Gesamtkapazität des Windparks führt. Solche drastischen Szenarien können jedoch wirtschaftlich durch die Verwendung alternativer A_2, wie in Kap. 3 dargestellt, behandelt werden.

Gemäß den in Tab. 4.2 angegebenen linguistischen Bewertungen wird die unscharfe Entscheidungsmatrix (FDM) für unser MCDM-Problem wie folgt angegeben:

$$H = \begin{array}{c} \\ \left(\begin{array}{ccc} C_1 & C_2 & C_3 \\ MP & MP & EP \\ VSP & SP & SP \\ XP & VSP & VSP \\ EP & EP & EP \end{array} \right) \end{array} \begin{array}{l} \\ A_1 \\ A_2 \\ A_3 \\ A_4. \end{array}$$

Weiterhin wird die unscharfe Entscheidungsmatrix in Bezug auf TFNs wie folgt angegeben:

$$H = \begin{array}{c} \begin{array}{ccc} C_1 & C_2 & C_3 \end{array} \\ \left(\begin{array}{ccc} (5,7,9) & (5,7,9) & (7,9,9) \\ (1,3,5) & (3,5,7) & (3,5,7) \\ (1,1,3) & (1,3,5) & (1,3,5) \\ (7,9,9) & (7,9,9) & (7,9,9) \end{array} \right) \end{array} \begin{array}{l} \\ A_1 \\ A_2 \\ A_3 \\ A_4. \end{array}$$

4.3 Ergebnisse und Diskussionen

Als Nächstes präsentieren wir eine Anwendung der Fuzzy-TOPSIS-Methode auf ein hybrides Windparkproblem. Drei Onshore-Windparks, Bishop and Clerks, Paxton und Blandford, werden ausgewählt, um den hybriden Betrieb in Bezug auf vier im letzten Kapitel diskutierte Alternativen/Methodologien zu untersuchen. Die Windgeschwindigkeitsdaten für alle drei Standorte wurden in einer Nabenhöhe von 61 m mit einem Schalenanemometer gemessen, das zentral im Windenergiezentrum der Universität von

Massachusetts verfügbar ist. Die Datensätze sind für die drei Windparks als X1 (Juni 2006) und X2 (Juni 2013) gekennzeichnet. Die Windgeschwindigkeitszeitreihen für zwei Datensätze sind in den Abb. 4.2 und 4.3 dargestellt.

Für alle drei Windparks nehmen wir einen Rotordurchmesser von 120 m und eine Windrichtung an, die direkt auf die Windturbinen gerichtet ist. Der von den drei Windparks erzeugte Strom wird in das Versorgungsnetz eingespeist. Hier wird der Entscheidungsansatz für den Windpark Bishop and Clerks durchgeführt. Eine auf der Methode der kleinsten Quadrate basierende Support-Vektor-Regression (LSSVR) wird für die Windgeschwindigkeitsvorhersage verwendet und dann in Windenergie umgewandelt. Die Strafkosten werden für jede Alternative bestimmt, wenn die vorhergesagte Leistung die tatsächliche übersteigt. Die Kosten für die Kompensation von 1 kW Defizitleistung in jeder Alternative, wie im vorherigen Kapitel diskutiert, sind $\beta_w = \$0,5$, $\zeta_s = \$0,75$, $\alpha_z = \$0,4$ und $\delta_x = \$0,8$. Aufgrund aufeinanderfolgender Lade- und Entladevorgänge sind die Strafkosten für die Alternative A_4 am höchsten, um die Lebensdauer des BESS zu erhalten. Tab. 4.3 hebt die Strafkosten (PC) (in \$) und die normalisierten Kostenscores für jede Alternative für die beiden Datensätze X1 und X2 hervor.

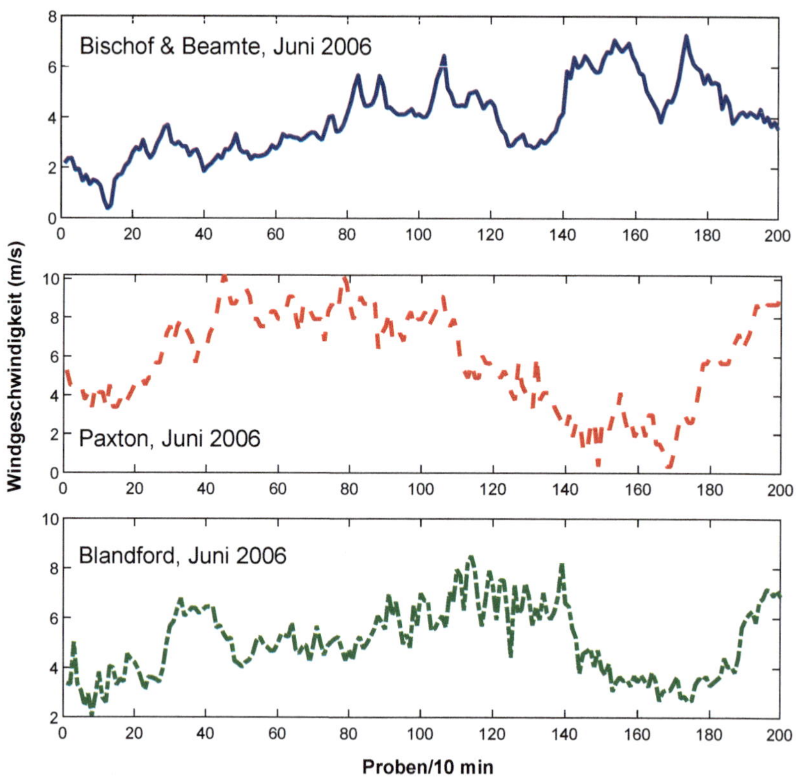

Abb. 4.2 Windgeschwindigkeitsmuster für drei Windparks in Massachusetts, Juni 2006

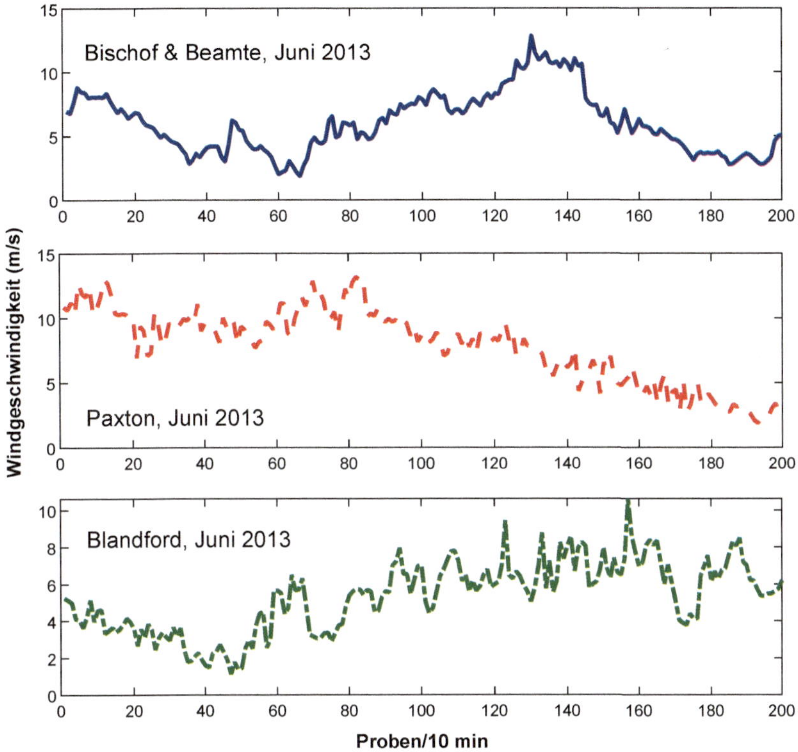

Abb. 4.3 Windgeschwindigkeitsmuster für drei Windparks in Massachusetts, Juni 2013

Tab. 4.3 Strafkosten und normalisierte Kostenscore für Datensatz D1 und D2

Alternativen	X1		X2	
	PC ($)	NCS	PC ($)	NCS
A_1	1620,8	0,9880	1551,3	1,0000
A_2	1601,4	1,0000	1921,2	0,8075
A_3	1612,7	0,9930	3392,5	0,4573
A_4	2593,3	0,6175	2482,1	0,6250

Basierend auf der minimalen Normalisierungstechnik werden die normalisierten Kostenscores bestimmt. In diesem Fall wird der Alternative mit den minimalen Strafkosten ein Score von 1 zugewiesen. Dies spiegelt den greifbaren Effekt wider, der dem Landwirt durch die Strafkosten entsteht. Ebenso wird der immaterielle Effekt durch die Verwendung der unscharfen MCDM-Methoden bestimmt. Der Gesamtscore für die Alternativen wird durch einen kumulativen Prioritätsscore (CPS) ermittelt, der das Produkt aus Prioritätsscore (PS) und normalisiertem Kostenscore (NCS) ist. Mit der unscharfen

TOPSIS-Methode werden die Ränge für die Alternativen berechnet. Die unscharfe Entscheidungsmatrix (FDM) in Form von TFNs, normalisiert gemäß (4.5), wird als

$$H = \begin{pmatrix} (5,7,9) & (5,7,9) & (7,9,9) \\ (1,3,5) & (3,5,7) & (3,5,7) \\ (1,1,3) & (1,3,5) & (1,3,5) \\ (7,9,9) & (7,9,9) & (7,9,9) \end{pmatrix} \begin{matrix} A_1 \\ A_2 \\ A_3 \\ A_4, \end{matrix} \quad \text{(Spalten } C_1, C_2, C_3\text{)}$$

$$D = \begin{pmatrix} (0.11, 0.142, 0.2) & (0.11, 0.14, 0.2) & (0.11, 0.11, 0.14) \\ (0.2, 0.33, 1) & (0.14, 0.2, 0.33) & (0.14, 0.2, 0.333) \\ (0.33, 1, 1) & (0.2, 0.33, 1) & (0.2, 0.33, 1) \\ (0.11, 0.11, 0.14) & (0.1, 0.11, 0.14) & (0.11, 0.11, 0.14) \end{pmatrix} \begin{matrix} A_1 \\ A_2 \\ A_3 \\ A_4. \end{matrix} \quad \text{(Spalten } C_1, C_2, C_3\text{)}$$

Die entsprechenden Gewichte für Kriterien werden in TFNs ausgedrückt als $\tilde{w}_1 = H, \tilde{w}_2 = VH, \tilde{w}_3 = AVG$, was weiter in Bezug auf TFNs ausgedrückt werden kann als $\tilde{w}_1 = (5,7,9), \tilde{w}_2 = (7,9,9), \tilde{w}_3 = (3,5,7)$. Die gewichtete normalisierte Fuzzy-Entscheidungsmatrix wird unter Verwendung von (4.6) erhalten und ist gegeben als

$$\tilde{H} = \begin{pmatrix} (0.56, 1, 0.6) & (0.78, 1.28, 1) & (1, 1, 1) \\ (1, 0.33, 3) & (1, 1.8, 1.6) & (1.28, 1.8, 2.3) \\ (1.67, 7, 3) & (1.4, 3, 5) & (1.8, 3, 7) \\ (0.55, 0.78, 0.42) & (0.77, 1, 0.71) & (1, 1, 1) \end{pmatrix} \begin{matrix} A_1 \\ A_2 \\ A_3 \\ A_4. \end{matrix} \quad \text{(Spalten } C_1, C_2, C_3\text{)}$$

Als Nächstes identifizieren wir die FPIS und FNIS unter Verwendung von (4.7), gegeben als

$$G^{+} = \{(1,666,7,3),(1,4,3,5),(1,8,3,7)\} \tag{4.14}$$

$$G^{-} = \{(0,55,0.77,0,42),(0,77,1,0,71),(1,1,1)\}. \tag{4.15}$$

Der euklidische Abstand zwischen jedem TFN der gewichteten normalisierten Fuzzy-Entscheidungsmatrix und FPIS und FNIS ist in Tab. 4.4 angegeben.

Tab. 4.4 Euklidischer Abstand und Nähekoeffizient für jede Alternative

Alternativen	z^+	z^-	O
A_1	9,9542	0,3933	0,0380
A_2	7,5398	3,3752	0,3095
A_3	0	10,3223	1,0000
A_4	10,3223	0	0,0000

Tab. 4.5 Kumulativer Prioritätswert und Rangfolge basierend auf der Fuzzy-TOPSIS-Methode

Alternativen	X1		X2	
	PS	CPS	PS	CPS
A_1	0,0380	0,0376	0,0380	0,0380
A_2	0,3095	0,3095	0,3095	0,2499
A_3	1,0000	0,9930	1,0000	0,4573
A_4	0,0000	0,0000	0,0000	0,0000
Alternativen	Rangordnung			
	X1		X2	
A_1	3		3	
A_2	2		2	
A_3	1		1	
A_4	4		4	

Wir beobachten, dass die bevorzugte Alternative A_3 ist, gefolgt vonA_2, A_1 und A_4. Die kumulativen Prioritätswerte für die Datensätze X1 und X2 sind in Tab. 4.5 aufgelistet.

Als Nächstes besprechen wir die MCDM-Ergebnisse mit der Fuzzy-COPRAS-Methode. Die gewichtete Fuzzy-Entscheidungsmatrix, die in Fuzzy-TOPSIS erhalten wurde, wird dann bewertet, um die aggregierten vorteilhaften und nicht vorteilhaften Indizes für jede Alternative unter Verwendung von (4.11) zu erhalten. Da alle Kriterien in unserem MCDM-Problem nicht vorteilhaft sind, bewerten wir $\tilde{T}_i^-$. Sie werden angegeben als

$$\begin{aligned}\tilde{T}_i^- = \{&(2,333,3,2857,2,6),(3,2857,5,9333,7,000),\\&(4,8667,13,15),(2,333,2,778,2,1429)\}.\end{aligned} \tag{4.16}$$

Als Nächstes konvertieren wir die in (4.16) erhaltenen unscharfen Indizes unter Verwendung von (4.12) für verschiedene Alpha-Cut-Werte in eine präzise Zahl. Tab. 4.6 hebt die präzisen Zahlen für jede Alternative hervor (A_i).

Die in Tab. 4.6 hervorgehobenen exakten Zahlen werden dann für die Prioritätswerte (XC) unter Verwendung von (4.13) ausgewertet. Die Rangfolge der Alternativen basierend auf den kumulativen Prioritätswerten für $\alpha = 0,5$ ist in Tab. 4.7 aufgeführt.

Aus Tab. 4.7 sehen wir, dass für den Datensatz X2 die Ränge für Alternativen A_1 und A_2 in Bezug auf die kumulative Prioritätsbewertung umgekehrt sind, was auf eine höhere normalisierte Kostenbewertung zurückzuführen ist. Solche Rangumkehrungen werden getestet, indem eine der Alternativen aus der unscharfen Entscheidungsmatrix entfernt und dann die verbleibenden Alternativen weiter auf die beste Option getestet werden. Die Rangumkehr aufgrund dynamischer Entscheidungsmatrizen wird unter den Methoden unscharfer TOPSIS und unscharfer COPRAS getestet.

Aus Tab. 4.8 kann die Wirkung dynamischer Entscheidungsmatrizen auf die Rangfolge der Alternativen gesehen werden. Im ersten Fall, wenn die Alternative A_4 entfernt

Tab. 4.6 Präzise Zahlen für unscharfe Indizes ($\tilde{T}_i^-$)

Alpha-Cut	A_1	A_2	A_3	A_4
0,1	3,9223	6,3463	9,5700	3,9429
0,2	3,5139	5,5985	8,4267	3,5302
0,3	3,0987	4,8613	7,3033	3,1111
0,4	2,6766	4,1349	6,2000	2,6857
0,5	2,2476	3,4190	5,1167	2,2540
0,6	1,8118	2,7139	4,0533	1,8159
0,7	1,3691	2,0194	3,0100	1,3714
0,8	0,9196	1,3356	1,9867	0,9206
0,9	0,4632	0,6625	0,9833	0,4635
1,0	0	0	0	0

Tab. 4.7 Kumulativer Prioritätswert und Rangfolge, basierend auf der unscharfen COPRAS-Methode

Alternativen	X1		X2	
	PS	CPS	PS	CPS
A_1	43,17	42,65	43,17	43,17
A_2	66,69	66,69	66,69	53,85
A_3	100,00	99,300	100,00	45,73
A_4	43,31	26,74	43,31	27,07
Alternativen	Rangordnung			
	X1		X2	
A_1	3		3	
A_2	2		1	
A_3	1		2	
A_4	4		4	

Tab. 4.8 Rangfolge alternativer Strategien unter dynamischen Entscheidungsmatrizen in den Methoden unscharfer TOPSIS (**M1**) und unscharfer COPRAS (**M2**)

Alternativen	M1				M2		
	Anfangsrang	A_4	A_1	A_2	A_4	A_1	A_2
A_4	4	–	–	–	–	–	–
A_1	3	3	–	–	3	–	–
A_2	2	2	2	–	2	2	–
A_3	1	1	1	1	1	1	1

wird, ist A_3 immer noch die bevorzugte Alternative, gefolgt von A_2 und A_1. Weiterhin, im nächsten Schritt, wenn die Alternative A_1 entfernt wird, wird A_3 höher eingestuft als A_2, was darauf hinweist, dass die bevorzugte Strategie darin besteht, eine Strafe für das Defizit an Strom zu zahlen, indem Strom von einer benachbarten Windfarm geliehen wird.

4.4 Fuzzy-basierte Entscheidungsfindung für hügelige Windstandorte und Offshore-Windparks

Hügelige Windparkstandorte stellen aufgrund des unebenen Geländes viele Herausforderungen in Form der Vorhersage der Windgeschwindigkeit dar. Dies führt dazu, dass Windparkbetreiber ihre Strategie optimal auswählen müssen, während sie eine Strafe für das Defizit an Windenergie zahlen. Das Problem kann durch die Modellierung der Entscheidungsfindung in einer unscharfen Umgebung, in der die Elemente der Entscheidungsmatrix TFNs sind, angegangen werden. Wir verwenden die im vorherigen Kapitel ausgewählten Datensätze. Windgeschwindigkeitsdaten von Challicum Hills (Australien), Longyuan Hills (Tibet) und Ngong Hills (Kenia) werden für den Monat Mai 2019 herangezogen. Die Windenergie wird mit der LSSVR-Technik vorhergesagt, wobei die Windgeschwindigkeitsdaten in Trainings- (800) und Testdatensätze (200) unterteilt werden. Die Strafkosten für alle Alternativen werden bewertet und ein normalisierter Kostenscore wird ermittelt. In Bezug auf die in den vorherigen Abschnitten diskutierte Methodik, p_{2i}, $\hat{p}_{2i}$ repräsentieren die tatsächliche und vorhergesagte Windenergie für Longyuan Hills zum i-ten Zeitpunkt. Ebenso repräsentieren p_{3i}, $\hat{p}_{3i}$ die tatsächliche und vorhergesagte Windenergie für Ngong Hills zum i-ten Zeitpunkt. Tab. 4.9 zeigt die normalisierten Kostenscores.

Der Tab. 4.9 können wir entnehmen, dass die Alternativen A_2 und A_4 die maximale Strafe für den Windparkbetreiber verursachen. Nun bewerten wir die Prioritätspunkte mit den Methoden Fuzzy-TOPSIS und Fuzzy-COPRAS. Die Fuzzy-Entscheidungsmatrix bleibt für hügelige Windstandorte gleich. Da die Windgeschwindigkeit aufgrund des hügeligen Geländes ausgeprägter wird, ist für Kriterien wie Windabschaltung und erzwungener Ausfall die beste Alternative A_3. Es ist auch erwähnenswert, dass in hügeligen Gebieten die Windgeschwindigkeit drastisch schwankt, sodass das Laden und

Tab. 4.9 Strafkosten und normalisierter Kostenscore für hügelige Windstandorte

Alternativen	PC ( )	NCS
	52831	1,000
A_2	84530	1,600
A_3	59945	1,134
A_4	84530	1,600

Entladen des Batteriesystems nicht geeignet ist und hohe Strafkosten verursachen kann. Die Fuzzy-Entscheidungsmatrix ist

$$H = \begin{array}{c} \\ \\ \\ \\ \end{array} \begin{array}{c} \begin{array}{ccc} C_1 & C_2 & C_3 \end{array} \\ \begin{pmatrix} (5,7,9) & (5,7,9) & (7,9,9) \\ (1,3,5) & (3,5,7) & (3,5,7) \\ (1,1,3) & (1,3,5) & (1,3,5) \\ (7,9,9) & (7,9,9) & (7,9,9) \end{pmatrix} \end{array} \begin{array}{l} \\ A_1 \\ A_2 \\ A_3 \\ A_4. \end{array}$$

In Tab. 4.10 sind die kumulativen Prioritätspunkte dargestellt, die nach der Multiplikation der normalisierten Kostenscores (Tab. 4.9) und der Prioritätspunkte (Tab. 4.4) erhalten wurden.

Ähnlich werden für die Fuzzy-COPRAS-Methode die kumulativen Prioritätswerte für den Alpha-Schnitt $\alpha = 0,5$ durch Multiplikation der Prioritätswerte (Tab. 4.7) und der normalisierten Kostenwerte (Tab. 4.9) gegeben. Die Rangfolge basierend auf den kumulativen Prioritätswerten für die Fuzzy-COPRAS-Methode ist in Tab. 4.11 dargestellt.

Unsicherheiten bei Offshore-Windparks sind hauptsächlich auf schnelle Änderungen der Windgeschwindigkeit zurückzuführen. Da die Windressource reichlich vorhanden ist, variiert die Leistungserfassungskapazität aufgrund von Wake-Effekten und Abregelung drastisch. Im vorliegenden Kontext, wie im vorherigen Kapitel besprochen, erfolgt die Entscheidungsfindung für drei Windparks, nämlich Anholt (Dänemark), Amrumbank (Deutschland) und Horns Rev 2 (Dänemark). Die geografische Lage dieser Windparks ist in Abb.3.7dargestellt. Die Methodik zur Ermittlung der besten Wahl bleibt dieselbe. Die normalisierte Kostennote für alle Alternativen wird auf der Basis der tatsächlichen und prognostizierten Windleistungen bestimmt. Die normalisierte Kostennote ist in Tab. 4.12dargestellt.

Tab. 4.10 Rangfolge der Alternativen, basierend auf der Fuzzy-TOPSIS-Methode für hügelige Windstandorte

Alternativen	PS	CPS	Rang
A_1	0,0380	0,0380	3
A_2	0,3095	0,4952	2
A_3	1,0000	1,1347	1
A_4	0,0000	0,0000	4

Tab. 4.11 Rangfolge der Alternativen, basierend auf der Fuzzy-COPRAS-Methode für hügelige Windstandorte

Alternativen	PS	CPS	Rangfolge
A_1	43,17	43,17	4
A_2	66,69	106,70	2
A_3	100,00	113,4	1
A_4	43,31	69,29	3

Tab. 4.12 Strafkosten und normalisierte Kostennote für Offshore-Windpark

Alternativen	PC ($)	NCS
A_1	37393	1,000
A_2	59829	1,600
A_3	82919	2,217
A_4	59829	1,600

Als Nächstes bewerten wir die Fuzzy-Entscheidungsmatrix als die beste Alternative, basierend auf den gegebenen Kriterien. Im Falle von Offshore-Windparks führt die Variabilität der Windgeschwindigkeit dazu, dass Windbetreiber sofortige Maßnahmen wie Windabregelung und erzwungene Abschaltung von Turbineneinheiten ergreifen. Basierend darauf kann die Fuzzy-Entscheidungsmatrix wie folgt ausgedrückt werden

$$H = \begin{pmatrix} (5,7,9) & (5,7,9) & (7,9,9) \\ (1,3,5) & (3,5,7) & (3,5,7) \\ (1,1,3) & (1,1,3) & (1,1,3) \\ (7,9,9) & (7,9,9) & (7,9,9) \end{pmatrix} \begin{matrix} A_1 \\ A_2 \\ A_3 \\ A_4. \end{matrix} \quad \text{Spalten: } C_1, C_2, C_3$$

Um zu beginnen, wenden wir die Fuzzy-TOPSIS-Methode an, bei der die gewichtete normalisierte Entscheidungsmatrix gemäß (4.6) berechnet wird und wie folgt gegeben ist

$$\tilde{H} = \begin{pmatrix} (0.556, 1, 0.600) & (0.778, 1.285, 1) & (1, 1, 1) \\ (1, 2.33, 3) & (1, 1.8, 1.667) & (1.285, 1.8, 2.333) \\ (1.667, 7, 3) & (2.333, 9, 5) & (3, 9, 7) \\ (0.5556, 0.778, 0.4286) & (0.778, 1, 0.7143) & (1, 1, 1) \end{pmatrix} \begin{matrix} A_1 \\ A_2 \\ A_3 \\ A_4. \end{matrix} \quad \text{Spalten: } C_1, C_2, C_3$$

Weiterhin werden die Fuzzy-positive Ideallösung (FPIS) und die Fuzzy-negative Ideallösung unter Verwendung von (4.7) berechnet und wie folgt gegeben

$$G^+ = \{(1,667, 7, 3), (2,33, 9, 5), (3, 9, 7)\} \tag{4.17}$$

$$G^- = \{(0,555, 0,778, 0,4286), (0,778, 1, 0,7143), (1, 1, 1)\}. \tag{4.18}$$

Die Prioritätswerte werden durch Berechnung der euklidischen Distanz unter Verwendung von (4.9) ermittelt und sind in den Tabellen4.13und4.14dargestellt.

Als Nächstes bewerten wir die Alternativen, basierend auf der Fuzzy-COPRAS-Methode. Die Entscheidungsmatrix bleibt gleich, ebenso wie die gewichtete normalisierte Entscheidungsmatrix. Wir bewerten die aggregierten Punktzahlen für vorteilhafte und nicht vorteilhafte Kriterien. Da im vorliegenden Kontext alle Kriterien nicht vorteilhaft sind, bewerten wir $\tilde{T}_i^-$. Sie sind wie folgt gegeben

Tab. 4.13 Euklidische Distanz und Nähekoeffizient für jede Alternative

Alternativen	z^+	z^-	O
A_1	14,692	0,3933	0,0261
A_2	12,35	3,379	0,2148
A_3	0,00	15,06	1,000
A_4	15,06	0	0,000

Tab. 4.14 Rangfolge der Alternativen, basierend auf CPS für die Fuzzy-TOPSIS-Methode für Offshore-Windparkstandorte

Alternativen	PS	CPS	Rangfolge
A_1	0,0261	0,0261	3
A_2	0,2148	0,3436	2
A_3	1,000	2,217	1
A_4	0,000	0,000	4

$$\begin{aligned}\tilde{T}_i^- = \{&(2,33333,28572,6000),(3,28575,93337,0000),\\&(7,000025,000015,0000),(2,33332,77782,1429)\}.\end{aligned} \tag{4.19}$$

Als Nächstes konvertieren wir die in (4.19) erhaltenen Fuzzy-Indizes unter Verwendung von (4.12) für verschiedene Alpha-Cut-Werte in eine präzise Zahl. Tab. 4.15 hebt die präzisen Zahlen für jede Alternative hervor A_i.

Die in Tab. 4.15 angegebenen präzisen Zahlen werden dann für die Prioritätswerte *(XC)* unter Verwendung von (4.13) bewertet. Die Rangfolge der Alternativen wird auf der Basis der kumulierten Prioritätswerten für $\alpha = 0.5$ ist in Tab. 4.16 aufgeführt.

Tab. 4.15 Präzise Zahlen für Fuzzy-Indizes ($\tilde{T}_i^-$) für Offshore-Windparkstandorte

Alpha-Schnitt	A_1	A_2	A_3	A_4
0,1	3,9223	6,3463	8,5500	3,9429
0,2	3,5139	5,5985	8,0000	3,5302
0,3	3,0987	4,8613	7,3500	3,1111
0,4	2,6766	4,1349	6,6000	2,6857
0,5	2,2476	3,4190	5,7500	2,2540
0,6	1,8118	2,7139	4,8000	1,8159
0,7	1,3691	2,0194	3,7500	1,3714
0,8	0,9196	1,3356	2,6000	0,9206
0,9	0,4632	0,6625	1,3500	0,4635
1,0	0	0	0	0

Tab. 4.16 Rangfolge der Alternativen, basierend auf CPS für die Fuzzy-COPRAS-Methode für Offshore-Standorte

Alternativen	PS	CPS	Rangfolge
A_1	2,2476	2,2476	4
A_2	3,4190	5,4704	2
A_3	5,7500	12,7475	1
A_4	2,2540	3,6064	3

Der Tab. 4.16 können wir entnehmen, dass A_3 die bevorzugte Alternative ist, gefolgt von A_2, A_4 und A_1. Wir sehen auch eine Rangumkehr für die Alternativen A_1 und A_4 im Vergleich zur Fuzzy-TOPSIS-Methode. In der vorliegenden Arbeit wird ein MCDM-Ansatz für den hybriden Betrieb von drei Windparks in West-Massachusetts betrachtet. Der greifbare und nicht greifbare Effekt verschiedener dynamischer Phänomene wird berücksichtigt, um die beste Alternative zu bewerten. Fuzzy-TOPSIS- und Fuzzy-COPRAS-Methoden werden aufgrund der Unsicherheiten in den Windgeschwindigkeitsmerkmalen verwendet. Dreieckige Fuzzy-Zahlen werden verwendet, um die relative Bedeutung jeder Alternative in Bezug auf jedes Kriterium zuzuweisen. Basierend auf diesen beiden Methoden wird festgestellt, dass die Alternative A_3 die bevorzugte Wahl ist, gefolgt von A_2, A_1 und A_4. Weiterhin wird im Falle dynamischer Entscheidungsmatrizen das Rangumkehrphänomen für die Methoden getestet. Es wird festgestellt, dass A_3 die bevorzugte Alternative ist, was auf ihre Dominanz im Falle von Unsicherheiten hinweist.

Literatur

1. Bekar ET, Cakmakci M, Kahraman C (2016) Fuzzy copras method for performance measurement in total productive maintenance: a comparative analysis. J Bus Econ Manag 17(5):663–684
2. Benlarbi K, Mokrani L, Nait-Said M (2004) A fuzzy global efficiency optimization of a photovoltaic water pumping system. Sol Energy 77(2):203–216
3. Bezza M, Moussaoui B, Fakkar A (2012) Sensorless MPPT fuzzy controller for DFIG wind turbine. Energy Procedia 18:339–348
4. Chamodrakas I, Batis D, Martakos D (2010) Supplier selection in electronic marketplaces using satisficing and fuzzy AHP. Expert Syst Appl 37(1):490–498
5. Chen CT (2000) Extensions of the TOPSIS for group decision-making under fuzzy environment. Fuzzy Sets Syst 114(1):1–9
6. Chen HMW, Chou SY, Luu QD, Yu THK (2016) A fuzzy MCDM approach for green supplier selection from the economic and environmental aspects. Math Probl Eng 2016:1–10
7. Chen VY, Lien HP, Liu CH, Liou JJ, Tzeng GH, Yang LS (2011) Fuzzy MCDM approach for selecting the best environment-watershed plan. Appl Soft Comput 11(1):265–275
8. Ghosh S, Das A (2019) Urban expansion induced vulnerability assessment of east kolkata wetland using fuzzy MCDM method. Remote Sens Appl: Soc Environ 13:191–203

9. Hsu W (2015) A fuzzy multiple-criteria decision-making system for analyzing gaps of service quality. Int J Fuzzy Syst 17(2):256–267
10. Hsu YL, Lee CH, Kreng V (2010) The application of fuzzy delphi method and fuzzy AHP in lubricant regenerative technology selection. Expert Syst Appl 37(1):419–425
11. Jafarian M, Ranjbar A (2010) Fuzzy modeling techniques and artificial neural networks to estimate annual energy output of a wind turbine. Renew Energy 35(9):2008–2014
12. Lee AH, Hung MC, Kang HY, Pearn W (2012) A wind turbine evaluation model under a multi-criteria decision making environment. Energy Convers Manag 64:289–300
13. Nourianfar K, Montazer GA (2013) A fuzzy MCDM approach based on COPRAS method to solve supplier selection problems. In: The 5th conference on information and knowledge technology. IEEE
14. Pedrycz W, Gomide F (2007) Fuzzy systems engineering. Wiley Inc, New York
15. Saaty R (1987) The analytic hierarchy process-what it is and how it is used. Math Model 9(3):161–176
16. Samanlioglu F, Taskaya YE, Gulen UC, Cokcan O (2018) A fuzzy AHP–TOPSIS-based group decision-making approach to IT personnel selection. Int J Fuzzy Syst 20(5):1576–1591
17. Shafiee M (2015) A fuzzy analytic network process model to mitigate the risks associated with offshore wind farms. Expert Syst Appl 42(4):2143–2152
18. Wang J, Xiong S (2014) A hybrid forecasting model based on outlier detection and fuzzy time series – a case study on hainan wind farm of China. Energy 76:526–541
19. Zavadskas EK, Turskis Z, Bagočius V (2015) Multi-criteria selection of a deep-water port in the Eastern Baltic Sea. Appl Soft Comput 26:180–192
20. Zhao H, Guo S, Zhao H (2019) Comprehensive assessment for battery energy storage systems based on fuzzy-MCDM considering risk preferences. Energy 168:450–461

5 Steuerungsanwendungen in hybriden Windparks

Wie inzwischen verstanden, gewinnen Windturbinen Energie aus dem sich zufällig verändernden Wind. Allerdings entsteht stromabwärts der Turbine ein Sog, in dem die Windgeschwindigkeit reduziert ist. Nach der grundlegenden Definition in der Strömungsdynamik ist ein Sog der Bereich des rezirkulierenden Flusses hinter einem sich bewegenden oder stationären stumpfen Objekt, verursacht durch Viskosität, möglicherweise begleitet von Strömungsablösung und Turbulenz. Wenn die Strömung weiter abwärts fließt, breitet sich dieser Sog aus und erreicht schließlich wieder freie Strömungsverhältnisse. Ein solcher Sogeffekt ist der aggregierte Einfluss auf die im Windpark erzeugte Energie, der durch effektive Windgeschwindigkeitsänderungen verursacht wird, die durch die gegenseitige Beeinflussung der Turbinen entstehen. Der Sogeffekt einer windaufwärts gelegenen Turbine beeinträchtigt die Stromerzeugung einer windabwärts gelegenen Windturbine und damit die Einnahmen des Windparks selbst. Daher besteht die Notwendigkeit, ein Sogsteuerungsschema zu entwerfen, um die Stromproduktion von Windparks zu erhöhen. Sogeffekte variieren auch mit den atmosphärischen Bedingungen.

Das Sogmanagement in Windparks wird durch den Einsatz von Präzisionsmessgeräten wie Lichtdetektion und Entfernungsbestimmung (LIDAR) ergänzt. Die Aerodynamik in der Prandtl-Schicht der atmosphärischen Grenzschicht bringt Unsicherheiten im Windfluss mit sich, die eine adaptive Steuerung erfordern. Die Sogzentrumverfolgung durch LIDAR-Simulationen wird verwendet, um das effektive Windgeschwindigkeitsdefizit in ein effektives Sogzentrum für mehrere Sogsituationen zu modellieren. Ein Sogmanagementschema wird, basierend auf der Variation des Gierwinkels, für mehrere Windturbinen implementiert. Unsicherheiten im Sogstrom werden durch einen adaptiven PI-Regler berücksichtigt, der das Sogzentrum hinter der stromaufwärts gelegenen Turbine verschiebt. Der Gierwinkel der stromaufwärts gelegenen Windturbinen wird als variabler Parameter verwendet, um den Sogstrom hinter der stromaufwärts gelegenen

H. Dhiman und D. Deb, *Entscheidung und Steuerung in hybriden Windparks*,
https://doi.org/10.1007/978-981-97-8339-7_5

Turbine umzuleiten. Parameter wie effektive Windgeschwindigkeit, Defizit und Luftturbulenz werden berechnet und zum Vergleich bewertet. Der Hauptbeitrag dieses Kapitels ist eine Methodik auf der Basis der Übertragungsfunktion, bei der die LIDAR-Simulationen verwendet werden, um das Sogzentrum an der stromabwärts gelegenen Turbine zu steuern. Das vorgeschlagene Schema wird für Windparklayouts mit 2, 5 und 15 Turbinen validiert.

5.1 Einführung

Die Zuverlässigkeit eines Windkraftwerks hängt von der Genauigkeit und Robustheit seines Steuerungssystems ab, das nicht nur die jährliche Energieproduktion verbessert, sondern auch die lange Lebensdauer der mechanischen und elektrischen Ausrüstung sichert. Turbinen werden in einem Windpark in einer bestimmten Weise errichtet, die die insgesamt erfasste Leistung beeinflusst. Aufgrund des inhärenten Sogeffekts tragen die stromabwärts gelegenen Turbinen jedoch weniger Leistung zum Versorgungsnetz bei. Dies führt auch zu einer nachfolgenden Verringerung der Effizienz des Windparks und erfordert eine geeignete Steuerungsstrategie, um die Leistungsverluste zu verringern. Sogmischung, ein häufiges aerodynamisches Phänomen, führt zu einer erhöhten strukturellen Belastung von nicht rotierenden Turbinenteilen wie Gondel und Turm [5]. Mathematische Modelle wie das Jensen-Modell und das Frandsen-Modell, die von hoher Genauigkeit sind, werden weit verbreitet eingesetzt, um die Geschwindigkeit und das Leistungsdefizit genau zu bestimmen. In einem Windpark ist die Umgebungsluftturbulenz auch mit der durch Soginteraktionen erzeugten Turbulenz gekoppelt, was das Leistungsprofil beeinträchtigen kann.

In letzter Zeit wurde umfangreiche Forschung zu steuerungsorientierten Sogmodellen durchgeführt, die darauf ausgelegt ist, die Sogeigenschaften hinter der stromaufwärts gelegenen Turbine zu verändern. Aus industrieller Sicht wählt ein Windparkbetreiber immer die Maximierung der aus der Windressource verfügbaren Leistung und die Minimierung der resultierenden mechanischen Belastung der nicht rotierenden Teile der Turbine [39]. Leistungsfluktuationen aufgrund der dynamischen Natur des Windes veranlassen die Betreiber von Windparks, die Abhängigkeit von Batteriespeichersystemen (BESS) zu erhöhen, was eine effiziente und optimale Steuerung des Windparks erfordert. In erster Linie werden zwei Arten von Steuerungsmethoden in Windparks verwendet. Die axiale Induktionssteuerung konzentriert sich darauf, den Blattwinkel der Turbine zu ändern, wann immer Änderungen der Windgeschwindigkeit festgestellt werden, was letztendlich die erfasste Leistung verbessert und die strukturelle Belastung der Turbinen verringert, wohingegen die auf Sogumlenkung basierende Steuerung den Sogstrom hinter der stromaufwärts gelegenen Turbine umleitet, um die Leistungserfassungsfähigkeit der stromabwärts gelegenen Turbinen zu verbessern [10]. Diese Art der Steuerung basiert auf der Korrektur des Gierwinkels der stromaufwärts gelegenen Turbinen.

Das Hauptziel eines jeden Windparkbetreibers ist es, die Leistungserfassung aus dem verfügbaren Windregime zu maximieren. Einige der in der Industrie bevorzugten Techniken zur Erhöhung der Leistungserfassung umfassen das Management des Blattwinkels und die Steuerung des Gierwinkels. Weiterhin beschrieben Schlipf et al. einen verbesserten kollektiven Blattwinkelregler zur Minderung von Lastschwankungen und Transienten in der Rotordrehzahl bei plötzlichen und extremen Betriebsbedingungen [42] unter Verwendung einer PI-Steuerungsstrategie, um Rotordrehzahlschwankungen um 70–80 % zu reduzieren. Der in der Industrie bevorzugte Standard-Feedback-Regler wird mit dem Feedforward-Blattwinkelregler zur Lastreduktion und zur Erhöhung der Lebensdauer der Windturbine verglichen [19]. Simulationen werden für Windfeldbedingungen bei Nennleistung und darüber durchgeführt. Die individuellen Feedforward-Blattwinkelregler erweisen sich als etwas besser als die individuellen Feedback-Regler, ohne die erzeugte Leistung zu reduzieren.

In [21] führten die Autoren eine CFD-Simulation durch, um Nachläufe vom Turbinenrotor wegzulenken und die Leistungserfassung stromabwärts zu verbessern. Das SOWFA-Simulationstool wird verwendet, um die Umlenkung von Turbinennachläufen für ein 5-MW-Windturbinenmodell unter Verwendung von Gierwinkel- und IPC-basierten Strategien zu untersuchen. Die Ergebnisse zeigen, dass die IPC-basierte Umlenkung nicht zu einer signifikanten Reduktion der Belastung führt, während die auf Gierwinkel basierende Sogumlenkung das Leistungserfassungsprofil an der stromabwärts gelegenen Turbine verbessert. Antonini et al. testeten die CFD-Modelle für Windsimulationen, indem sie die Unsicherheiten in der Windrichtung einbezogen [2] für drei Windparks. Sogvorhersagen werden auf der Basis des RANS SST $k - \omega$ und des Reynolds-Spannungsmodells durchgeführt und sind aufgrund präziser Windrichtungsmessungen signifikant genau. Boersma et al. diskutierten verschiedene steuerungsorientierte Methoden zur Maximierung der Leistung von Windparks [7].

Simulationstools wie FLORIS und SOWFA werden zur Schätzung des Geschwindigkeitsdefizits verwendet. Weiterhin präsentierten Gebraad et al. ein neuartiges dynamisches Sogmodell zur Schätzung des Sogzentrums, der effektiven Windgeschwindigkeit und der Stromproduktion für stromabwärts gelegene Turbinen in einem Windpark [22]. Experimentelle Analysen haben gezeigt, dass die Gierwinkelsteuerung der stromaufwärts gelegenen Turbine das Sogfeld hinter dem Rotor ablenkt und die Leistungserfassungsfähigkeiten der stromabwärts gelegenen Turbine verbessert [24, 26]. Die Neupositionierung der windabwärts gelegenen Turbine kann den Rotorschatten unter der stromaufwärts gelegenen Turbine signifikant reduzieren, wie von Gebraad et al. beschrieben, da sie das Geschwindigkeitsprofil verbessert und die insgesamt erfasste Leistung [23] aus dem Windpark erhöht. Vali et al. präsentierten eine MPAC-Technik für Windparks, die den Referenzfehler des Windparks minimiert [50]. Ein adjunktbasiertes MPAC wird auf ein 2×3-Windparklayout angewendet, bei dem die Windparkleistung dem zeitlich variierenden Referenzsignal folgt. Die Gierwinkelsteuerung für einen festen stromabwärts gelegenen Abstand von 3D und 6D in einer Windkanalstudie wird experimentell verifiziert und die Ergebnisse zeigen eine 12 %ige Erhöhung der erfassten Leistung [1]. Maeda et al. führten eine experimentelle Analyse über die Auswirkungen von Geländeveränderungen zusammen mit einem turbulenten Windfeld auf die Gesamtstromproduktion mit HAWT in einem Windkanal durch [33].

Für ein Windpark-Layout mit einer einzigen Spalte wird eine Optimierungsstudie durchgeführt, basierend auf der Steuerung des Gierwinkels, wobei der axiale Induktionsfaktor bei jeder nachgelagerten Turbine gleich bleibt [13]. Eine experimentelle Analyse wurde von Dou et al. durchgeführt, bei der die Struktur und die Eigenschaften des Sogs für eine Kleinwindturbine untersucht wurden [16]. Parameter wie Pitchwinkel, Gierwinkel und Spitzen-Geschwindigkeitsverhältnis werden untersucht, um die optimale Turbinenleistung zu bestimmen. Weiterhin wird ein analytisches Modell zur Vorhersage des Gierwinkels vorgeschlagen und mit experimentellen Ergebnissen validiert. In [43] werden LIDAR-unterstützte Messungen in Verbindung mit einem Voraussteuerungsregler zur Lastreduktion bei Windturbinen demonstriert. Ermüdung, basierend auf der schadenäquivalenten Last (DEL), die die äquivalente Last darstellt, die bei gleicher Belastung über die gesamte Lebensdauer erzeugt wird, wird berechnet. Der Biege-Moment von Blatt und Turm wird um 10 % bzw. 20 % reduziert. In [41] wird eine robuste windgesteuerte Regelung zur Regulierung der Generatordrehzahl angewendet. LIDAR bietet eine indirekte Steuerung, die die Unsicherheiten bei der Windgeschwindigkeitsmessung eliminiert. Die Genauigkeit der Windgeschwindigkeitsmessung spielt jedoch eine wichtige Rolle. Die Leistung des robusten Reglers zur Regulierung der Generatordrehzahl erweist sich bei Geschwindigkeiten über dem Nennwert als effektiv. Eine umfassendere LIDAR-basierte Sogverfolgung wird untersucht [40], wobei LIDAR verwendet wird, um den Sogstrom zu verfolgen und den Aktuator auf den gewünschten Gierwinkel einzustellen. Die gemessene Sichtlinien-Windgeschwindigkeit (los) wird mit der simulierten Windgeschwindigkeit verglichen, um die Windfeldparameter zu schätzen.

Überwiegend werden die Verluste, die durch den Sog entstehen, durch das maximale Geschwindigkeitsdefizit charakterisiert. Der räumliche Ort in Bezug auf die (x-, y-, z-) Koordinaten ist die Position im Sogfeld, die dem maximalen Leistungsverlust entspricht, und dieser Punkt wird als Sogzentrum bezeichnet. Die Sogzentrum-Verfolgung wird von Cacciola et al. untersucht, wobei die Nabenlasten an der nachgelagerten Turbine verwendet werden, um Informationen über das Windgeschwindigkeitsdefizit und die horizontale Scherung zu sammeln [9]. Ein Minimierungsproblem wird verwendet, um das Sogzentrum genau zu bestimmen, indem die Naben-Sensoren verwendet werden, um Informationen mit hoher Genauigkeit bereitzustellen. Die Einschränkung dieser Methode ist die Verwendung des Larsen-Modells, das keine Gierfehlstellung umfasst. Barthelmie und Pryor haben einen automatisierten Algorithmus zur Sogcharakterisierung diskutiert, um die Position des Sogzentrums unter verschiedenen atmosphärischen Bedingungen des Tages zu identifizieren [3]. Die Position des Sogzentrums wird mit einem Doppler-LIDAR für die ersten 6 Monate des Jahres 2017 gemessen, und die Scans zeigen, dass sich diese Position während der Nacht ändert, wenn stabilere atmosphärische

Bedingungen herrschen, im Vergleich zu denen während des Tages. Weiterhin wird ein wichtiger Aspekt der Leistungsmaximierung von Raach et al. untersucht, wobei die Autoren einen H_∞-Regler verwendet haben, um den Sogstrom für die Gierwinkelsteuerung umzuleiten [39]. Die Systemidentifikationstoolbox wird verwendet, um verschiedene Anlagenmodelle zu identifizieren. Schließlich wird die Leistung des geschlossenen Regelkreises des Reglers unter verschiedenen atmosphärischen Bedingungen getestet.

Experimentelle Analysen von Howland et al. zeigen eine signifikante Verbesserung der Windkraftaufnahme an den nachgelagerten Turbinen als Ergebnis des reduzierten Sogschattens von der/den vorgelagerten Turbine(n) [24]. Gebraad et al. haben eine einzigartige Methode zur Neupositionierung von nachgelagerten Windturbinen untersucht, um den Sogeffekt zu reduzieren und somit ihre Leistungsaufnahme zu erhöhen [23]. In der Praxis ist die Neupositionierung von Windturbinen jedoch durch die Einschränkungen der Landverfügbarkeit begrenzt. Fleming et al. diskutierten die individuelle Pitchsteuerung (IPC) und die durch Neigung induzierte Steuerung zur Umleitung des Sogs hinter vorgelagerten Turbinen unter Verwendung eines hochpräzisen Werkzeugs namens Simulator für On-/Offshore-Windpark-Anwendungen (SOWFA) [21]. In einer von Adaramola et al. durchgeführten Studie wird eine 12 %ige Steigerung der Leistungsaufnahme beobachtet, wenn die vorgelagerte Windturbine durch Gieren in die vorherrschende Windrichtung betrieben wird [1]. Es ist jedoch auch wichtig zu beachten, dass die Geländebedingungen und die durch den Sog erzeugte Turbulenz ebenfalls die effektive Ausbeute eines Windparks beeinflussen. Maeda et al. zeigten in einer Studie die Auswirkungen unregelmäßiger Oberflächenbedingungen und auch, wie die Turbulenz durch Soginteraktionen die Leistung von Horizontalachsen-Windturbinen (HAWT) beeinflusst, wenn sie in einem Windkanalabschnitt platziert sind [33]. Dar et al. führten eine Fallstudie eines Windpark-Layouts mit einer einzigen Spalte durch, um die Auswirkungen der Optimierung des Gierwinkels der Turbinen bei konstantem axialen Induktionsfaktor zu verstehen [13].

LIDAR-basierte Sogsteuerung zur Leistungsmaximierung wurde erstmals von Raach et al. eingesetzt [40], wobei die Messungen durch LIDAR, das an einer nachgelagerten Turbine montiert ist, verwendet werden, um entsprechende Informationen an einen Gierregler der vorgelagerten Turbine zu senden, und zum Testen eines Zwei-Turbinen-Systems. In einer experimentellen Studie von Doubrawa et al. wird die Charakterisierung des Sogstroms untersucht [17]. Die Ergebnisse der Large-Eddy-Simulation (LES)-Studie stimmen mit der LIDAR-Messkampagne überein. Darüber hinaus erweiterten Doubrawa et al. ihre Arbeit zur Sogcharakterisierung durch die Implementierung eines stochastischen Modells, das die Sogform und -breite bestimmt [18]. Im Vergleich zum Reynolds-gemittelten Navier-Stokes (RANS)-Modell schneidet das vorgeschlagene Modell in einem LES-Rahmenwerk besser ab. Eine LIDAR-basierte Kampagne wird genutzt, um die Auswirkungen der Varianz der Radialgeschwindigkeit auf die Sogform und das Defizit zu analysieren [51]. Es ist interessant zu bemerken, dass die durch LIDAR-Messungen erzielte Steuerungsaktion zu einer kontrollierten Turbulenz führt, und es wird auch berichtet, dass die Länge der Sonde zu großen Fehlern in der Varianz der Radialgeschwindigkeit führt. Mit dem Aufkommen der Windturbinen- und Windparksteuerung drehte sich die Herausforderung immer um präzise und genaue Messgeräte.

Für eine effiziente Windparkleistung in Bezug auf minimale Sogverluste und maximale Lebensdauer der Turbinen sind fortschrittliche Steuerungsschemata erforderlich, die die Unsicherheiten im aerodynamischen Fluss in einem Windpark besser handhaben können. Um mit solchen Systemunsicherheiten umzugehen, wird häufig die adaptive Steuerung verwendet [11, 25, 30, 36]. Das Wesen der adaptiven Steuerung basiert auf der Parameterschätzung, wenn ein System auf Unsicherheiten stößt und somit die gewünschte Leistung bei solchen zufälligen Ereignissen erreicht [14, 15, 35, 37]. Der gewünschte Wert der beobachteten Variablen wird mit dem tatsächlichen in einer Rückkopplungsschleife verglichen. Die Parameteranpassung in der adaptiven Steuerung ist ein Schlüsselprozess, der es dem Regler ermöglicht, geeignete Maßnahmen zu ergreifen. Gain Scheduling ist eine der beliebtesten Formen der adaptiven Steuerung, die aktiv in der Verfahrenstechnik eingesetzt wird. Dieses Kapitel hebt einen auf Übertragungsfunktionen basierenden Ansatz zur Steuerung des Sogzentrums einer Turbine hervor und verbessert die Leistung eines nachgelagerten Turbinen-Sogmanagements für ein Windpark-Layout. Dieses Kapitel ist wie folgt organisiert: Abschn. 5.2 hebt die Grundlagen des Steuerungsschemas für ein Windpark-Layout hervor und Abschn. 5.3 beleuchtet ein Multi-Modell- und Mehrfach-Sogszenario. In Abschn. 5.4 werden Schlüsselparameter wie die erfasste Leistung und die effektive Luftturbulenz für Windparks unter Sogeffekt vorgestellt, und in Abschn. 5.5 wird ein Rahmenwerk für die vorgeschlagene Methodik validiert und die Simulationsergebnisse werden diskutiert.

5.2 Geschlossene Regelungsmethodik

Die Messung der Windgeschwindigkeit mit einem hochpräzisen Gerät wie LIDAR und die Steuerung des Wake-Zentrums sind die Hauptziele einer geschlossenen Regelung. LIDAR steht für Light Detection and Ranging, das hauptsächlich verwendet wird, um die Windgeschwindigkeit im Voraus zu schätzen, indem ein System von Lasern verwendet wird, das an den nachgelagerten Turbinen installiert ist. Verschiedene experimentelle Studien haben gezeigt, dass das Yawing einer vorgelagerten Turbine ihre Energieerfassung verringert, aber für eine nachgelagerte Turbine erhöht. Die hier implementierte Wake-Management-Strategie verwendet die Übertragungsfunktion zur Modellierung der Windturbine und zur Schätzung der Wake-Zentrum-Abweichung. LIDAR ermöglicht die Verfolgung der Abweichung des Wake-Zentrums, die durch Änderungen der Yaw-Winkel-Ausrichtung verursacht wird. Die Hauptfunktion von LIDAR besteht darin, relevante Informationen zu erhalten, die die Trajektorie des Wake-Zentrums in Form einer äquivalenten Abweichung verfolgen, die oft in Bezug auf den Rotordurchmesser ausgedrückt wird.

Die Windturbine verwendet einen Schalenanemometer und eine Windfahne zur Messung der Windgeschwindigkeit bzw. -richtung. Mit dem Aufkommen von LIDAR wird die auf der Gondel basierende Windgeschwindigkeitsmessung durchgeführt, um geeignete Steuerungsmaßnahmen zu ergreifen, die sicherstellen, dass der Farmbetreiber genügend Zeit hat, im Notfall wichtige Entscheidungen zu treffen [47]. Auf dem Windenergiemarkt sind kontinuierliche Wellen-Typen (CW) und gepulste Wellen-Typen (PW) von LIDAR-Systemen verfügbar, von denen ersterer aufgrund seiner Benutzerfreundlichkeit und seines Marktwerts verwendet wird [44]. Ein Strahl einer bestimmten Frequenz wird emittiert und der vom Empfänger gesammelte rückgestreute Strahl wird weiterverarbeitet. Da der Betrieb eines LIDAR auf eine bestimmte Entfernung begrenzt ist, ist es wichtig, dass die Windgeschwindigkeiten für eine bestimmte Vorschauentfernung gemessen werden. Die Sichtliniengeschwindigkeit wird unter Verwendung der zeitlich gemittelten Windgeschwindigkeit geschätzt, die nach der Verarbeitung durch das Doppler-Spektrum gemessen wird. In den folgenden Unterabschnitten sprechen wir über die Hauptkomponenten, die eine Wake-Umleitungsstrategie umfassen. In erster Linie ein Windturbinemodell, das einen Yaw-Winkel und einen Wake-Zentrum-Abweichungsschätzblock zur Lokalisierung des Wake-Zentrums eingibt. Abb. 5.1 zeigt eine systematische Anordnung der Komponenten der für Windturbinen implementierten Strategie.

5.2.1 Windturbinenmodell

Auf den Grundlagen der Aktuatorscheibentheorie für eine ith-Windturbine in einem Windpark wird die extrahierte Leistung wie folgt angegeben

$$P_i = \frac{1}{2}\rho_w A_w C_p u_i^3, \tag{5.1}$$

für Luftdichte ρ_w, Rotor-Swept-Bereich A_w, Leistungskoeffizient C_p und Windgeschwindigkeit u_i an der ith-Turbine [6]. Es wird auch beobachtet, dass die Windkraft, wenn sie von einer vorgelagerten Turbine erfasst wird, um einen bestimmten Faktor von $\cos^h \gamma$ für einen einstellbaren Parameter h und Yaw-Winkel γ reduziert wird, wenn sie in einer Yaw-Bedingung betrieben wird. Fleming et al. untersuchten, dass der einstellbare

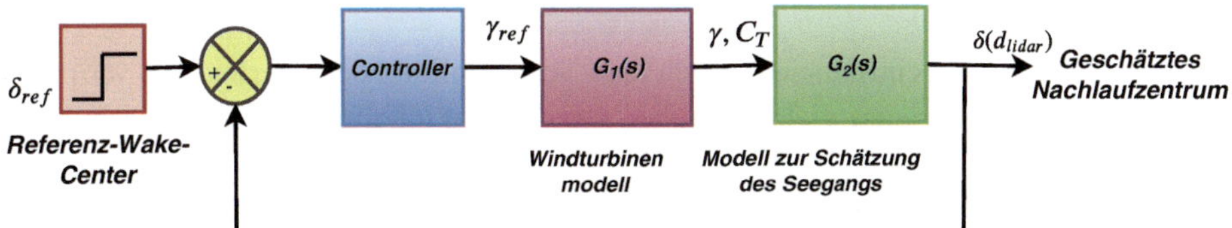

Abb. 5.1 Schätzung des Wake-Zentrums für ein einzelnes Set von auf- und abwindigen Turbinen

Parameter h im Bereich $h \in (1{,}4–2{,}2)$ variiert [20]. Jonkman et al. bestätigten weiter, dass der Leistungskoeffizient, der auf die aerodynamische Effizienz hinweist, um einen Faktor $\cos^h \gamma$ für eine vorgelagerte Turbine in einer Yaw-Bedingung modifiziert wird [28]. Für die Energieerfassung bei einem maximalen Wert von $C_p = 0.482$ unter Berücksichtigung der Verluste durch turbulente Wakes wird h als 2 gewählt. Ein 2-DOF-Modell für die Yaw-Ausrichtung und die Gondel einer aufwindigen Turbine wird formuliert als

$$\ddot{\gamma} + 2D\omega\dot{\gamma} + \omega^2\gamma = \omega^2\gamma_{ref}, \tag{5.2}$$

für ungedämpfte Eigenfrequenz ω, Dämpfungsfaktor D, sodass der gewünschte Gierwinkel-Eingang γ_{ref} und Ausgang γ für eine Windturbine als Übertragungsfunktion unter Verwendung eines Systemidentifikationsblocks in MATLAB modelliert werden. Der Ausgangs-Gierwinkel γ wird für ein Set von $\gamma_{ref} \in (-25°, 25°)$ bestimmt. Damit hat die so erhaltene Übertragungsfunktion $n_p = 2$ Pole und $n_Z = 1$ Nullstellen und eine Genauigkeit von 99,99 %. Sie hat die folgende Form:

$$G_1(s) = \frac{0.533s + 0.01094}{s^2 + 0.1538s + 0.002736}. \tag{5.3}$$

Qian et al. [38] stellten fest, dass für eine stromaufwärts arbeitende Turbine im Giermodus die erfasste Leistung wie folgt gegeben ist:

$$P_i = \frac{1}{2}\rho_w A_w C_p\, u_i^3 \cos^3(\gamma_i). \tag{5.4}$$

Ein adaptiver Regler korrigiert die Gierwinkel-Einstellung für eine stromaufwärts gelegene Turbine. Messungen, die mit LIDAR durchgeführt werden, zielen darauf ab, die Ablenkung des Sogzentrums zu verfolgen, und basierend auf der Regelaktion wird der Sogstrom vom Rotor weg abgelenkt. Die von einer stromabwärts gelegenen Turbine erfasste Leistung wird verändert, wenn der Gierwinkel der stromaufwärts gelegenen Turbine geändert wird. Abschn. 5.4 beleuchtet die Änderungen im Geschwindigkeitsprofil, wenn der Windpark in einer gegierten Bedingung betrieben wird. Für die diskutierte Sogmanagementstrategie zielt das Turbinenmodell darauf ab, die erfasste Leistung zu berechnen, wann immer eine Regelaktion durch LIDAR-Messungen initiiert wird.

5.2.2 Schätzung des Sogzentrums

Die Position des Sogzentrums, die durch eine Schiefstellung des Gierwinkels verursacht wird, war ein Schwerpunkt vieler Forscher, um die Maximierung der Leistung in einem Windpark zu untersuchen. Empirische Beziehungen zwischen der Strömungsrichtung und der Schiefstellung des Gierwinkels wurden gründlich untersucht, um die Position des Sogzentrums genau zu lokalisieren. In einer von Howland et al. durchgeführten Studie wurde festgestellt, dass ein Fehler von $\pm 0.02D$ zwischen der theoretischen und der experimentellen Schätzung der Ablenkung des Sogzentrums auf der Grundlage eines

3D-gedruckten porösen Schleppscheibenmodells besteht [24]. Empirisch wird die Ablenkung des Sogzentrums für eine vorgelagerte Turbine in schiefem Zustand ermittelt, die auch von der Längsdistanz d zwischen zwei Turbinen abhängt. Laut Jimnez et al. [27] wird die Ablenkung des Sogzentrums aufgrund der Schiefstellung des Gierwinkels wie folgt angegeben:

$$\delta(d) = \frac{\xi_{init}\left(15\left(\frac{2k_d d}{D_0}+1\right)^4+\xi_{init}^2\right)}{\frac{30k_d}{D_0}\left(\frac{2k_d d}{D_0}+1\right)^5} - \frac{\xi_{init}D_0(15+\xi_{init}^2)}{30k_d}, \tag{5.5}$$

$$\xi_{init}(\gamma, C_T) = \frac{1}{2}\cos^2(\gamma)\sin(\gamma)C_T, \quad M_\gamma = -2\dot{\gamma}\Omega\cos\psi I_b, \tag{5.6}$$

wo ξ_{init} der Anfangswinkel zwischen dem Sogstrom und der Rotorachse der vorgelagerten Turbine ist, d die Entfernung zwischen der vorgelagerten und der nachgelagerten Turbine, D_0 der Turbinendurchmesser und k_d der Modellparameter, der Unsicherheiten unterliegt. Darüber hinaus stellt (5.6) das Gierlager-Moment dar, das durch eine Änderung des Gierwinkels verursacht wird, wobei $\dot{\gamma}$ die Giergeschwindigkeit (in rad/s), Ω die Winkelgeschwindigkeit des Rotors, ψ der Azimutwinkel der Blätter und I_b das Trägheitsmoment der Blätter darstellt [34].

Die Erholung in einem Sogstrom wird durch den Parameter k_d definiert, dessen Abstimmung viele Herausforderungen mit sich bringt. Die Windgeschwindigkeitsmessung durch LIDAR wird durch einen kreisförmigen Scan in einem Windfeld durchgeführt, der die effektive Geschwindigkeit in Bezug auf die Rotorachse misst [32]. Eine geeignete LIDAR-Vorschauentfernung d_{LIDAR} führt zu einer genauen Messung der Sogmittendeflektion, die auftritt, wenn eine vorgelagerte Turbine giert. Im vorliegenden Kontext wird für ein Windpark-Layout mit zwei Turbinen ein Systemidentifikationstool verwendet, um die Übertragungsfunktion für die Sogmittendeflektion zu bestimmen. Der Eingang der Übertragungsfunktion ist der Gierwinkelversatz und die Sogmittendeflektion ist der Ausgang. Unter Verwendung von (5.5) werden die Werte der Sogmittendeflektion für $\gamma \in$ (−25°–25°) berechnet. Unter Berücksichtigung der atmosphärischen Bedingungen wird der Modellparameter $k_d = 0.15$ genommen. Mit einer Genauigkeit von 93,76 % wird die Übertragungsfunktion mit $n_p = 2$ Polen und $n_z = 0$ Nullstellen angegeben als

$$G_2(s) = \frac{-0.158}{s^2 + 2.56 \times 10^{-12}s + 0.2404}. \tag{5.7}$$

. Das Hauptziel eines LIDAR in einem Windpark ist es, präzise Windgeschwindigkeitsmessungen zu erfassen, die einen prädiktiven Steuerungsmodus verbessern. Die in der Industrie weit verbreitete Steuerungsstruktur sind die PID-Regler, hauptsächlich, weil PID-Regler relativ einfach implementiert, programmiert, feinabgestimmt und konzeptionell unkompliziert sind. Der proportionale Gewinn hilft, die Anstiegszeit und die Reaktion des Systems zu verbessern, der integrale Gewinn hilft, stationäre Fehler zu korrigieren, und der differentielle Gewinn ist im Allgemeinen nützlich, um ein

Überschwingen des Systems zu modifizieren. Um die Leistung des Windparks zu maximieren, kann eine von der Industrie bevorzugte Steuerungsaktion auf der Basis der proportional-integralen (PI) Technik implementiert werden, um die Energieerfassung zu optimieren und die mechanische Belastung und Turmschwingungen zu reduzieren. In Bezug auf den Regelungsfehler kann die PI-Regelungsaktion ausgedrückt werden als

$$f = K_p\Big(\tilde{\delta}(\gamma) + \frac{1}{T_i}\int \tilde{\delta}(\gamma)dt\Big), \tag{5.8}$$

wobei $\tilde{\delta}(\gamma)$ der Fehler in der gemessenen und der Referenz-Sogmittendeflektion ist und f der Ausgangsgierwinkel ist. T_i und K_p stellen die Zeitkonstante und den Proportionalgewinn dar. Die beste Leistung für einen Regler kann durch optimales Abstimmen der Konstanten erreicht werden.

5.3 Schätzung des Sogzentrums und adaptive Steuerung

Die auf LIDAR basierende Schätzung und Steuerung des Wake-Zentrums ist auf ein Multi-Modell-Setup mit einer aufwindigen und einer abwindigen Turbine unter verschiedenen Bedingungen wie anfänglichem Wake-Strömungswinkel, Abstand zwischen aufwindiger und abwindiger Turbine, Rotordurchmesser und Modellparameter k_d, wie in (5.5) definiert, erweiterbar. Abgesehen von solchen Faktoren beeinflusst auch die Wake-Entwicklungszone, das heißt die Nah-Wake-Zone und die Fern-Wake-Zone sowie die Schätzung des Wake-Zentrums, erheblich [31]. In der vorliegenden Studie wird eine Multi-Modell-Schätzung des Wake-Zentrums durch einen datengetriebenen Ansatz mit einem konstanten Modellparameter k_d und durch Variation der LIDAR-Scan-Distanz d_{LIDAR} in Vielfachen des Rotordurchmessers D_0 untersucht. Abb. 5.2 zeigt eine schematische Darstellung der vorgeschlagenen Strategie für ein Multi-Modell-Szenario.

Es ist wichtig zu beachten, dass der Betrieb von Windparks mit Unsicherheiten einhergeht und das Steuerungsziel, die Referenz zu verfolgen, in solchen Fällen schwierig sein kann. Durch Variation des Parameters in einer Übertragungsfunktion können die Unsicherheiten modelliert werden. Im vorliegenden Fall können die durch das

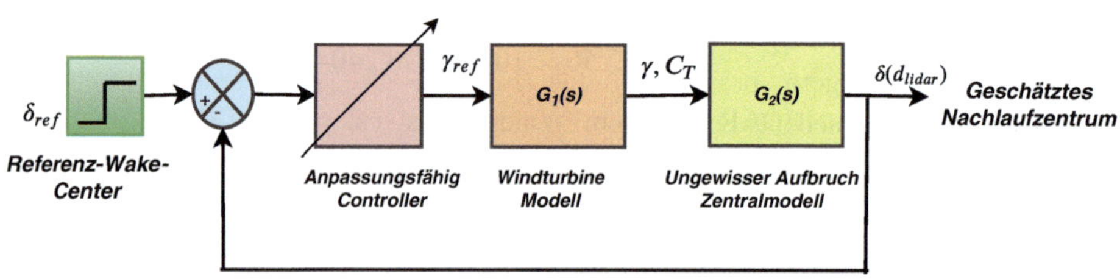

Abb. 5.2 Blockdiagramm-Darstellung zur Schätzung des Wake-Zentrums

Wake-Zentrum-Modell verursachten Unsicherheiten viel besser durch einen adaptiven Regler als durch eine klassische PI-Regelung gehandhabt werden. Tab. 5.1 zeigt die Schätzgenauigkeiten verschiedener Übertragungsfunktionsmodelle, die mit dem System-identifikationstoolbox in MATLAB erhalten wurden.

Schätzung und Steuerung des Wake-Zentrums für mehrere Turbinen

Bis jetzt haben wir ein Layout eines Windparks mit zwei Turbinen zur Steuerung des Sogs auf der Basis einer Transferfunktionsmethodik beschrieben. Allerdings bestehen großflächige Windparks aus mehr als zwei Windturbinen, und der Effekt der Soginteraktionen zwischen den Turbinen ist ausgeprägter. Der Sogstrom in einem großen Windpark wird auch durch die Anordnung der Turbinen, also das Layout des Parks, beeinflusst. Bastankhah und Porte-Agel entwickelten ein Gauß'sches Sogmodell, um ein Windgeschwindigkeitsdefizit zu beschreiben, das durch mehrere vorgelagerte Turbinen verursacht wird [4]. Basierend auf verschiedenen Faktoren wie radialer Abstand r vom Turbinenhub, longitudinaler Abstand x und Schubkoeffizient C_T nimmt das Modell ein Gauß'sches Profil an. Mathematisch kann dieses Modell ausgedrückt werden als

$$u = u_0\left(1 - C(x)e^{\frac{-r^2}{2\sigma^2}}\right), \tag{5.9}$$

$$C(x) = 1 - \sqrt{1 - \frac{C_T}{8(\sigma/D_0)^2}}, \quad \sigma = kx + \epsilon D_0, \tag{5.10}$$

wobei $C(x)$ das maximale normalisierte Geschwindigkeitsdefizit darstellt, das bei einem longitudinalen Abstand x verursacht wird, und σ die Breite des Sogs ist, die eine Funktion des Rotordurchmessers D_0 und der Sogwachstumskonstante k ist. Basierend auf quadratischer Superposition und linearer Superposition wird das Sogdefizit im Falle mehrerer Windturbinen bestimmt. Mathematisch wird das Prinzip der linearen Superposition gegeben als

$$\Delta u_i^{lin} = \sum_{j=1}^{N}\left(1 - \frac{u_j}{u_0}\right), \tag{5.11}$$

Tab. 5.1 Schätzgenauigkeiten für Multi-Modell-Übertragungsfunktionsmodelle

LIDAR-Distanz (d_{LIDAR})	Schätzgenauigkeit (%)
$1D_0$	93,76
$1.5D_0$	95,08
$2D_0$	94,94
$2.5D_0$	94,82
$3D_0$	94,71

wobei N die Gesamtzahl der vorgelagerten Turbinen ist, Δu_i das Geschwindigkeitsdefizit für ith aufgrund aller vorgelagerten Turbinen in seinem Sog ist und Δu_j das Geschwindigkeitsdefizit ist, das durch eine einzelne jth vorgelagerte Turbine verursacht wird.

Katic et al. [29] beschrieben ein quadratisches Prinzip der Superposition, das gegeben ist als

$$\Delta u_i^{quad} = \sqrt{\sum_{j=1}^{N} (\Delta u_j)^2}. \tag{5.12}$$

Eine Sogmanagementstrategie, die den Gierwinkel der vorgelagerten Turbinen modifiziert, ist erforderlich, um die Leistungsausgabe der nachgelagerten Turbinen zu erhöhen. Abgesehen von der Gierfehlstellung reduziert die Neupositionierung der nachgelagerten Turbinen den Schatten unter den Nachläufen der vorgelagerten Turbinen. Aufgrund von Platzbeschränkungen wird die Neupositionierung der Turbinen jedoch nicht bevorzugt, und daher ist die Steuerung der Sogmittenabweichung durch Gierfehlstellung eine effektive Methode [12]. Aufgrund der Gierfehlstellung der vorgelagerten Turbinen wird der Schubkoeffizient, den die Turbinen dem ankommenden Windstrom bieten, um einen Faktor von $\cos^3 \gamma_j$ verändert, wobei γ_j die Gierfehlstellung für die jth vorgelagerte Turbine in einem Windpark ist.

Bei der ith nachgelagerten Turbine wird das transformierte Geschwindigkeitsdefizit als

$$u_i = u_0\left(1 - C_{ij}(x)e^{\frac{-r^2}{2\sigma_{ij}^2}}\right), \quad C_{ij}(x) = 1 - \sqrt{1 - \frac{C_T \cos^3(\gamma_j)}{8(\sigma_{ij}/D_0)^2}}, \tag{5.13}$$

$$\sigma_{ij} = kx_{ij} + \epsilon D_0, \quad \beta = 0.5\left(\frac{1+\sqrt{1-C_T}}{\sqrt{1-C_T}}\right), \tag{5.14}$$

angegeben, wobei $\epsilon = 0.25\sqrt{\beta}$ und σ_{ij} die Weitenbreite in einer Entfernung x_{ij} zwischen jth Aufwind- und $i$thAbwind-Turbine ist. Unter Verwendung von (5.13) kann das Geschwindigkeitsdefizit für jede vorgelagerte Turbine unter Berücksichtigung des Gierwinkel-Fehlausrichtung γ_j bestimmt werden. Weiterhin kann für N solche vorgelagerten Turbinen unter Verwendung von (5.12) das effektive Geschwindigkeitsdefizit an der ith Abwind- Turbine bestimmt werden. Abb. 5.3 zeigt bildlich das schematische Blockdiagramm für das Wake-Management im Falle mehrerer Windturbinen.

Für den Fall mehrerer Windturbinen schlagen wir eine Wake-Management-Strategie vor, die die effektive Geschwindigkeit berücksichtigt und das effektive Wake-Zentrum modelliert, dem eine nachgelagerte Turbine ausgesetzt ist. Eine solche empirische Beziehung zwischen Wake-Zentrum-Position und Geschwindigkeitsdefizit wird als

$$f(y) = u_m e^{\frac{-(y-\mu_y)^2}{2\sigma_{LIDAR}^2}}, \quad \sigma_{LIDAR} = kd_{LIDAR} + \epsilon D_0, \tag{5.15}$$

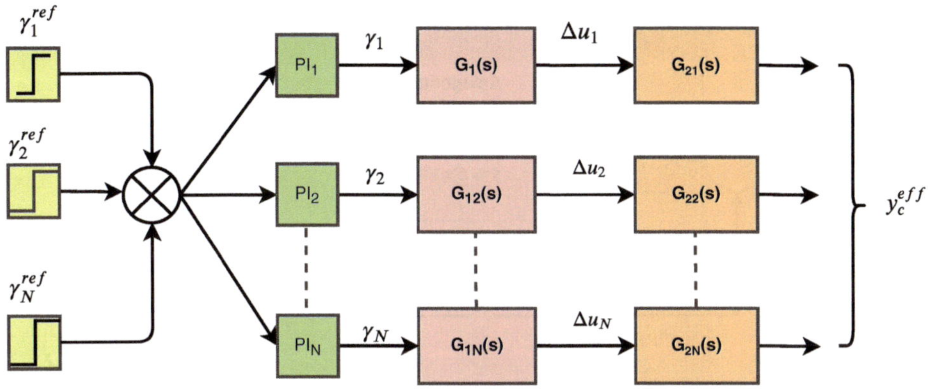

Abb. 5.3 Vorgeschlagene Strategie für das Szenario mit mehreren Wakes

angegeben, wobei y, μ_y die Nabenhöhe und die Wake-Zentrum-Position für ein Geschwindigkeitsdefizit von $f(y)$ bei einer LIDAR-Vorschauentfernung d_{LIDAR} sind. Das maximale Geschwindigkeitsdefizit wird durch u_m dargestellt und verwendet, um das Wake-Zentrum im Szenario mit mehreren Wakes, wie in Abb. 5.3 dargestellt, zu schätzen. Die Übertragungsfunktionen zwischen effektivem Windgeschwindigkeitsdefizit und effektivem Wake-Zentrum können mit dem Systemidentifikationstoolbox in MATLAB erhalten werden. Basierend auf der vorgeschlagenen Methodik ist die so erhaltene Übertragungsfunktion von der Form Multiple Input Single Output (MISO), da es mehrere Gierwinkel von verschiedenen Windturbinen gibt und es ein effektives Wake-Zentrum gibt.

Der 1960 entwickelte Kalman-Filter (KF) wurde nach dem Wissenschaftler Rudolph Kalman benannt und zielt darauf ab, die Zustände in Anwesenheit von verrauschten Messungen oder Störungen zu schätzen. Die Zustandsabschätzung mit dem KF dreht sich um die rekursive Verarbeitung von verrauschten Daten [46] und wird häufig zur Schätzung des Ladezustands von Batterien für Elektrofahrzeuge und Energiespeicheranwendungen verwendet [48]. Mathematisch wird der KF als

$$\begin{aligned} \hat{x}_{k+1} &= \mathbf{A}x_k + \mathbf{B}u_k + w_k, \\ \hat{y}_k &= \mathbf{C}x_k + \mathbf{D}u_k + v_k, \end{aligned} \tag{5.16}$$

modelliert, wobei $\mathbf{A}, \mathbf{B}, \mathbf{C}, \mathbf{D}$ die Zustandsraummatrizen der Anlage sind; w_k, v_k sind Prozessrauschen und Messrauschen zum diskreten Zeitpunkt k; und $\hat{x}_{k+1}$ ist die Aktualisierung des Zustandsvektors x_k zum Zeitpunkt $k+1$. Im vorliegenden Fall wird der KF verwendet, um das Wake-Zentrum für ein gegebenes Set von Upstream- und Downstream-Turbinen zu schätzen. Die Gierwinkel-Einstellung fungiert als Eingabe und das Wake-Zentrum als Ausgabe für das Übertragungsfunktionsmodell, das mit dem Systemidentifikationstoolbox (SIT) erhalten wird. Das Blockdiagramm der Wake-Zentrum-Schätzung ist in Abb. 5.4 dargestellt.

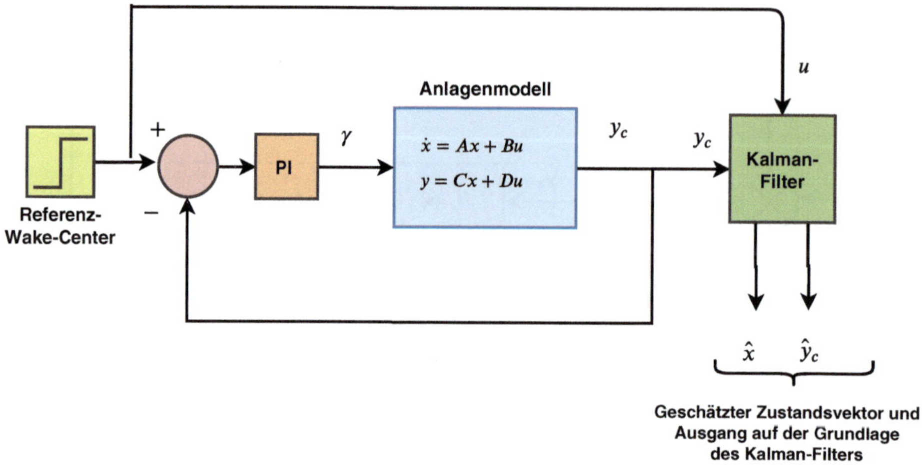

Abb. 5.4 Wake-Zentrum-Schätzung basierend auf Kalman-Filter

Der Kalman-Filter nimmt Zustandsraummatrizen $\mathbf{A}, \mathbf{B}, \mathbf{C}, \mathbf{D}$ auf und schätzt die Zustände und die Anlagenausgabe zum Zeitpunkt $k + 1$. Das Zustandsraummodell kann mit dem in MATLAB verfügbaren SIT erhalten werden.

5.4 Leistungsparameter für Windparks mit Wake-Effekten

Die Leistung eines Windparks wird typischerweise durch das Leistungsprofil und die mechanische Belastung der nachgelagerten Turbinen beurteilt. Häufig verwendete Modelle für Wake-Interaktionen umfassen das Jensen-Modell, das Frandsen-Modell und das Gauß'sche Modell. Da Wind-Wakes zu Leistungsverlusten führen und die Belastung der Turbinen erhöhen, ist es für einen Windparkbetreiber wichtig, die Änderungen dieser Parameter in Bezug auf die prozentuale Verbesserung der erfassten Leistung sowie die effektive Luftturbulenz zu quantifizieren. Abb. 5.5 zeigt das Layout eines Windparks mit zwei Turbinen und die Ablenkung des Windstroms hinter der Upstream-Turbine WT_1 aufgrund einer Gierfehlstellung von γ.

Jensens Modell schätzt die Windgeschwindigkeit für eine nachgelagerte Turbine unter Berücksichtigung eines radialen Abstands r und eines longitudinalen Abstands x und lautet

$$u(x, r) = u_0 \left[1 - 2a\left(\frac{r_0}{r_0 + kx}\right)^2\right], \tag{5.17}$$

wobei u_0 die freie Windgeschwindigkeit ist, r_0 der Rotorradius ist und k die Konstante der Wake-Ausdehnung ist. Für eine gegebene Windrichtung θ_j und eine Gierfehlstellung von γ_j wird der Wake-Strom um einen Winkel ϕ_j abgelenkt, der wie folgt gegeben ist

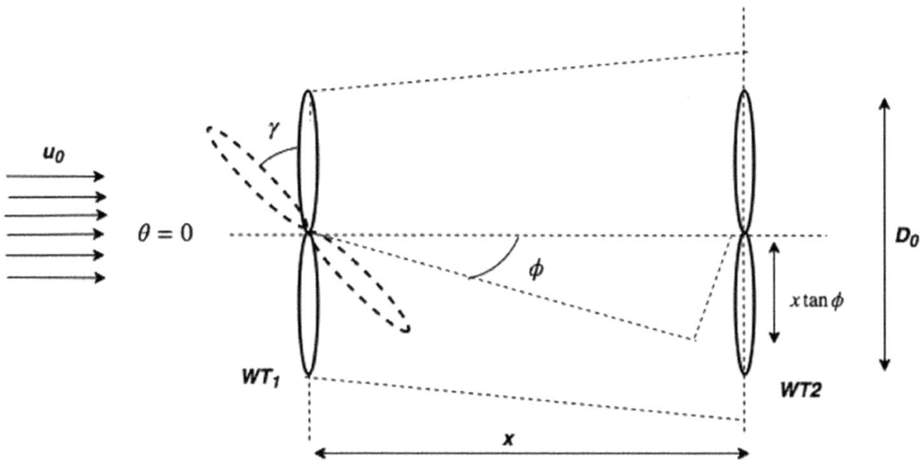

Abb. 5.5 Ablenkung des Wake-Stroms im Layout eines Windparks mit zwei Turbinen

$$\phi_j = (0.6a_j + 1)\gamma_j + \theta_j, \tag{5.18}$$

wobei a_j der axiale Induktionsfaktor für die gegebene Turbine $j \in X$ (Satz aller aufwindigen Turbinen) ist. Nun wird das Geschwindigkeitsprofil für eine nachgelagerte Turbine aufgrund einer Gierfehlstellung der aufwindigen Turbine wie folgt angegeben

$$u_i(x, r) = \begin{cases} u_0\left[1 - 2a_j\left(\dfrac{1}{1 + 2kL\cos(\phi_j)}\right)^2 \times \cos^2(4.5\phi_j)\right], & \phi_j \leq 20^\circ \\ u_0, & \phi_j > 20^\circ, \end{cases} \tag{5.19}$$

wobei $L = \frac{x}{D_0} \in [2, 3, 4, 5]$ der Turbinenabstandsfaktor ist, der als Vielfaches des Turbinendurchmessers ausgedrückt wird. Basierend auf (5.19) kann ein verbessertes Geschwindigkeitsprofil durch geeignete Gierstellung der aufwindigen Turbinen um einen Winkel γ_j erhalten werden. Die von einer gegierten aufwindigen Turbine erfasste Leistung wird um einen Faktor von $\cos^3 \gamma_j$ verändert. Die von einer nachgelagerten Turbine erlebte Nettolufturbulenz wird durch Einführung einer Gierfehlstellung an einer aufwindigen Turbine berechnet. Unter Verwendung der Vektorsumme wird die Nettoturbulenz aufgrund des Umgebungsflusses und des Wake-Effekts für eine nachgelagerte Turbine wie folgt angegeben

$$I_{eff} = \sqrt{I_a^2 + K^2 \sum_{j=1}^{N} (1 - \sqrt{1 - C_T \cos \gamma_j}) x_j^{-2/3}}, \tag{5.20}$$

wobei I_a die Umgebungsturbulenz ist und I_{eff} die berechnete Nettoturbulenz für eine gegebene nachgelagerte Entfernung x_j für gegebene N aufwindige Turbinen für einen Windpark ist und $K = 0.93$ eine Konstante ist [49].

5.5 Adaptives PID-Regelungsschema

Trotz mehrerer Vorteile der PID-Regelung besteht ein langjähriges Problem darin, die Robustheit von PID-Reglern zu verbessern, um die Empfindlichkeit gegenüber der Verstimmung der Regelparameter bei Unsicherheiten im System und Zeitvariationen zu verringern, die beide sehr prominente Probleme bei der Steuerung von Windparks darstellen. Daher muss eine Variante der PID-Regelung wie die adaptive PID-Regelung, die eine adaptive Anpassung der Reglerparameter ermöglicht, unter dem zufälligen Windszenario untersucht werden. Wenn man bestimmte Regeln implementiert, um im Laufe der Zeit alle oder einige der Parameter der PID-Reglerparameter entsprechend bestimmten Eingangscharakteristiken zu ändern, ohne die grundlegende PID-Reglerstruktur zu modifizieren, hat man im Wesentlichen einen adaptiven PID-Regler. Die Leistung des Windparks hängt von der effektiven Windgeschwindigkeit ab, die die verschiedenen Turbinen im Vorhandensein von Sog sehen. Das heißt, die Leistungsausgabe des Windparks kann sich mit betrieblichen und umweltbedingten Szenarien ändern. Für die Stabilität der Ausgangsleistung sollte der Windpark unter kontrollierten Bedingungen betrieben werden können. Im Falle einer variablen Last kann die konventionelle PID-Regelung zu einer adaptiven Regelung für einen Windpark modifiziert werden.

Übertragungsfunktion der Anlage und des PID-Reglers, $G_{p2}(s)$ und $G_{c2}(s)$ werden durch

$$G_{p2}(s) = \frac{A}{s^2 + a_1\, s + a_0}, \quad G_{c2}(s) = k_p + k_d\, s + \frac{k_i}{s}, \tag{5.21}$$

gegeben, wobei A, a_1 und a_0 Konstanten der Übertragungsfunktion sind, und k_p, k_i und k_d proportionale, integrale und differentielle Verstärkungen des PID-Reglers sind.

Lassen Sie uns $k_d = k$, $k_p = 2k\lambda$ und $k_i = \lambda^2 k$ parametrisieren, und eine geschlossene Übertragungsfunktion w_{c2} wird durch

$$w_{c2} = \frac{A\, G_{c2}(s)}{s^2 + a_1\, s + a_0 + A\, G_{c2}(s)}, \tag{5.22}$$

$$w_{c2}^{-1} = 1 + (s^2 + a_1\, s + a_0)\, A^{-1}\, G_{c2}^{-1}(s). \tag{5.23}$$

gegeben. Der Referenzeingang wird gegeben durch

$$r = w_{c2}^{-1}\, x_d = x_d + ((s^2 + a_1\, s + a_0)\, A^{-1}\, G_c(s)^{-1})\, x_d \tag{5.24}$$

$$= x_d + \ddot{w}_d + a_1\, \dot{w}_d + a_0\, w_d, \tag{5.25}$$

wobei x_d der gewünschte Ausgang ist und $w_d = (A^{-1}\, G_{c2}(s)^{-1})\, x_d$. Unter Verwendung von (5.25) kann das Blockdiagramm (Abb. 5.6) weiter als Abb. 5.7 dargestellt werden.

Durch Verschieben von Pa_0 und Pa_1 vom Vorwärts- zum Rückkopplungspfad können der Regler und die geschlossene Übertragungsfunktion dargestellt werden als

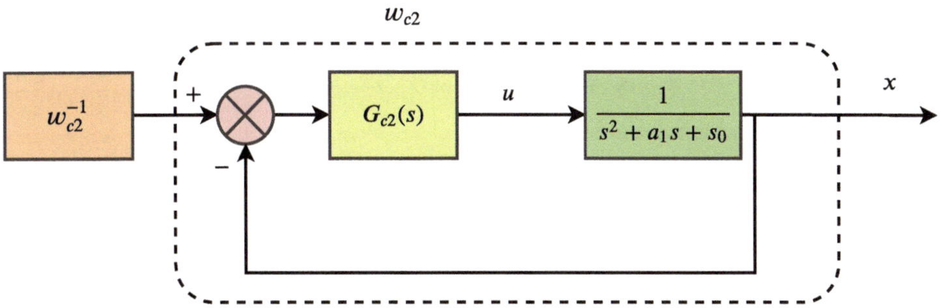

Abb. 5.6 Geschlossene Übertragungsfunktion

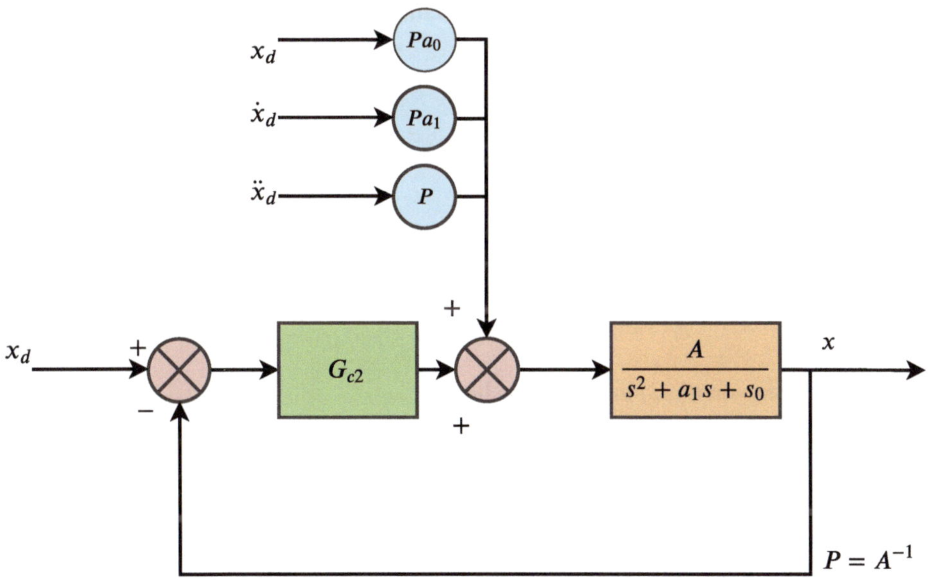

Abb. 5.7 Modifiziertes Blockdiagramm des geschlossenen Systems

$$G_{c2}(s) = \frac{(k + 2\lambda P)\, s^2 + (2\lambda k + \lambda^2 P)\, s + \lambda^2 k}{s}, \tag{5.26}$$

$$G_{p2}(s) = \frac{(k + 2\lambda P)\, s^2 + (2\lambda k + \lambda^2 P)\, s + \lambda^2 k}{Ps^3 + (k + 2\lambda P)\, s^2 + (2\lambda k + \lambda^2 P)\, s + \lambda^2 k}. \tag{5.27}$$

Die geschlossene Übertragungsfunktion kann gegeben werden als

$$w_{c2}(s) = \frac{G_{c2}(s)}{Ps^2 + G_{c2}(s)}. \tag{5.28}$$

Nun kann (5.25) dargestellt werden als

$$r = w_{c2}^{-1}\, x_d = (1 + Ps^2 G_{c2}(s)^{-1})\, x_d = x_d + P\ddot{w}_d. \tag{5.29}$$

Der Anlageninput u kann gegeben werden als

$$\begin{aligned} u =& P\ddot{x_d} + Pa_1\,\dot{x} + Pa_0\,x + G_{c2}(s)e \\ =& P(\ddot{x_d} + 2\lambda e + \lambda^2 e) + Pa_1\dot{x} + Pa_0 x + k\Big(\dot{e} + 2\lambda e + \lambda^2 \int e(u)du\Big). \end{aligned}$$

Wir definieren den Regelungsfehler $e_1(t)$ und den Hilfsfehler $e_2(t)$ als

$$e_1(t) = \ddot{x}_d + 2\lambda\dot{e} + \lambda^2 e, \;\; e_2(t) = \dot{e} + 2\lambda e + \lambda^2 \int e(u)du. \tag{5.30}$$

Unter Verwendung von Regelungs- und Hilfsfehler kann der Anlageninput gegeben werden als

$$u = P\ddot{x}_d + P\hat{a}_1\,\dot{x} + P\hat{a}_0\,x + e_2(t). \tag{5.31}$$

Unter Verwendung der Schätzung von $\hat{a}_0$ und $\hat{a}_1$ kann die adaptive Regelungseingabe u gegeben werden als

$$u = P\ddot{x}_d + Pa_1\,\dot{x} + Pa_0\,x + e_2(t). \tag{5.32}$$

Aus (5.21) kann die Ableitung des Zustands dargestellt werden als

$$\ddot{x} = -a_1\,\dot{x} - a_0\,x + P^{-1}\,u. \tag{5.33}$$

Durch Einsetzen von (5.32) in (5.33) erhalten wir

$$\ddot{x} = -\,a_1\dot{x} - a_0 x + P^{-1}(Pe_1(t) + P\hat{a_1}\,\dot{x} + P\hat{a_0} + Pk\,e_2(t)) \tag{5.34}$$

$$= \tilde{a_1}\,\dot{x} + \tilde{a_0}x + e_1(t) + P^{-1}ke_2(t). \tag{5.35}$$

Aus (5.30) erhalten wir

$$\dot{e}_2 = \ddot{e} + 2\,\lambda\,\dot{e} + \lambda^2\,e = \ddot{x_d} - \ddot{x} + 2\,\lambda\,\dot{e} + \lambda^2\,e. \tag{5.36}$$

Durch Einsetzen von (5.35) in (5.36) erhalten wir

$$\dot{e}_2 = \ddot{x_d} - \tilde{a_1}\,\dot{x} + \tilde{a_0}\,x - e_1(t) - Pke_2 + 2\lambda\dot{e} + \lambda^2 e \tag{5.37}$$

$$= -\,P^{-1}ke_2 - (\tilde{a_1}\dot{x} + \tilde{a_0}\,x). \tag{5.38}$$

Durch die Wahl geeigneter adaptiver Gesetze als

$$\dot{\hat{a}}_1 \;=\; \gamma_3\,\dot{x}\,e_2, \;\; \dot{\hat{a}}_2 \;=\; \gamma_4\,x\,e_2, \tag{5.39}$$

für Anpassungsgewinne $\gamma_3, \gamma_4 > 0$ und die vom Regelungsingenieur entsprechend zu wählen sind, um das gewünschte Übergangsverhalten angemessen zu handhaben, und durch die Wahl einer Lyapunov-Kandidatenfunktion als

$$V_2 = \frac{1}{2}\left(e_2^2 + \frac{\tilde{a_1}^2}{\gamma_3} + \frac{\tilde{a_0}^2}{\gamma_4}\right), \tag{5.40}$$

finden wir

$$\dot{V}_2 = P^{-1}ke_2^2 < 0. \tag{5.41}$$

Basierend auf dem Korollar des Barbalat-Lemmas ist die Stabilität der Übertragungsfunktion (5.21) gewährleistet. Einzelne sind beide Brüche der Übertragungsfunktion stabil. Somit ist die Stabilität des gesamten Systems zusammen mit der Summe der Brüche gewährleistet.

5.6 Ergebnisse und Diskussionen

Ein Layout einer Windfarm mit zwei Turbinen wird für die Wake-Control-Strategie auf der Grundlage von LIDAR-Simulationen getestet. Zu diesem Zweck werden Turbinen mit einem Durchmesser von $D_0 = 80$ m und einer Nabenhöhe von 90 m verwendet. Windturbinen WT_1 (stromaufwärts) und WT_2 (stromabwärts) sind in einem Abstand von 400 m voneinander platziert. Mit (5.19) wird die Windgeschwindigkeit bei WT_2 berechnet. Unter den gegebenen atmosphärischen Bedingungen kann die Wake-Expansionskonstante k unter Verwendung des logarithmischen Gesetzes für das Windgeschwindigkeitsprofil angenähert werden. Zunächst wird für die Windturbine WT_1 der Gierwinkel auf $\gamma_1 = 0°$ gesetzt, wobei angenommen wird, dass die Windrichtung direkt auf die Gondel von WT_1 zeigt. Die durch die Gierwinkelkorrektur von WT_1 verursachte Ablenkung wird für eine LIDAR-Vorschauentfernung von $d_{LIDAR} = 1D_0$ bestimmt.

Es ist auch wichtig zu beachten, dass das LIDAR für einen bestimmten Bereich der Vorschauentfernung arbeitet, und um dies zu unterstützen, wird in unseren Simulationen ein Bereich von 0–250 m angenommen [45]. Basierend auf dem vorgeschlagenen Steuerungsschema (Abb. 5.1) wird das Wake-Zentrum für die vorgelagerte Turbine WT_1 geschätzt und der Ausgang des Reglers stellt den erforderlichen Gierwinkel ein. Der Simulationsfall von 1000 s berücksichtigt, ein Windprofil, bei dem für die ersten 500 s eine Windgeschwindigkeit von 8 m/s und für die restlichen 500 s eine Windgeschwindigkeit von 10 m/s vorliegt. Unter Berücksichtigung einer Umgebungs-Luftturbulenz von 10 % werden das Turbinenmodell und das Modell zur Schätzung der Wake-Zentrum-Abweichung in MATLAB/Simulink unter Berücksichtigung eines Modellparameters $k_d = 0.15$ simuliert. Der Modellparameter k_d repräsentiert, wie schnell ein Wake-Flow hinter der vorgelagerten Turbine wiederhergestellt wird. Die gesamte Farmleistung, die von den Turbinen WT_1 und WT_2 erzeugt wird, und das durch die LIDAR-Simulation geschätzte Wake-Zentrum sind in den Abb. 5.8 und 5.9 dargestellt. Das Referenz-Wake-Zentrum variiert von 5 m bis –5 m und wird mit dem gemessenen Wert verglichen. Weiterhin wird der Fehler dann vom adaptiven Regler verarbeitet, um den geeigneten Gierwinkel für die vorgelagerte Turbine WT_1 einzustellen. Daraus resultiert, dass das

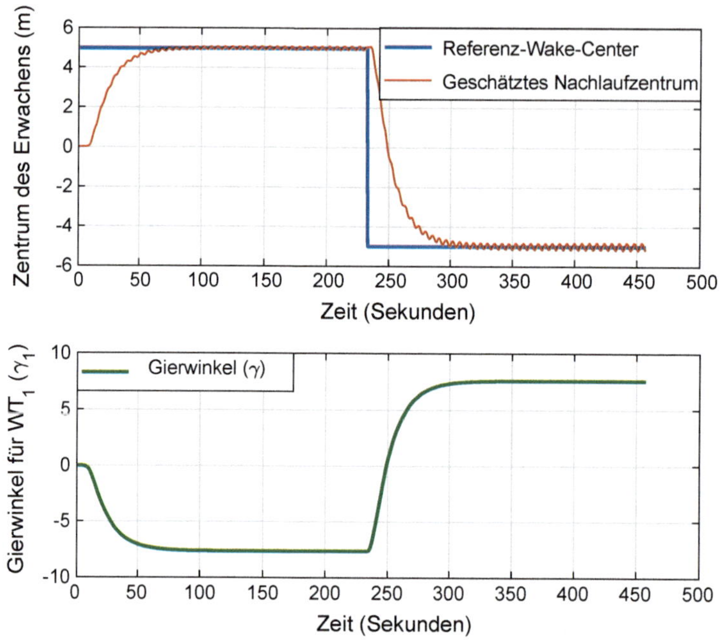

Abb. 5.8 Geschätztes Wake-Zentrum und Gierwinkel-Ausrichtung für den Modellparameter $k_d = 0.15$

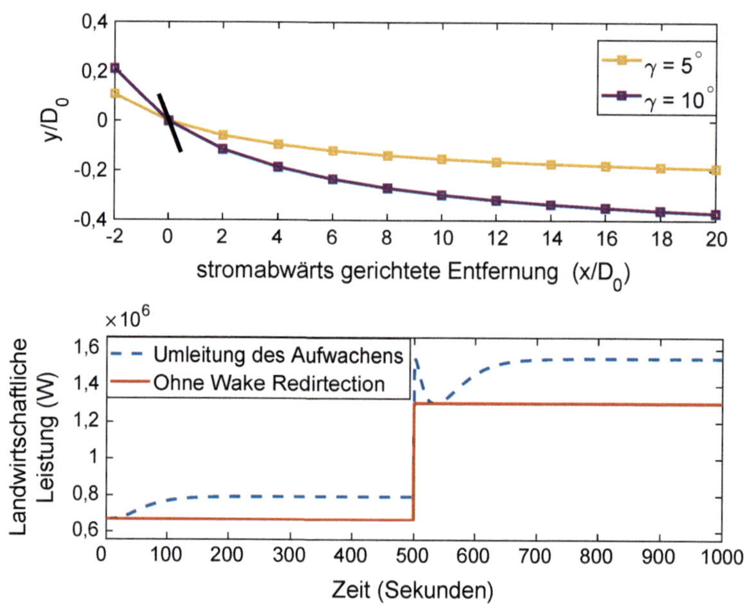

Abb. 5.9 Wake-Zentrum-Abweichung und Windpark-Leistungsabgabe

Wake-Profil für die vorgelagerte Turbine WT_1 in Form eines Geschwindigkeitsprofils modifiziert wird.

Für den Modellparameter $k_d = 0.15$ wird die gesamte Windparkleistung mit und ohne Wake-Umleitung dargestellt. Im Vergleich zu Raach et al. [39], was zu einer Steigerung der Gesamtleistung der Farm um 4,5 % führt, führt die vorgeschlagene Wake-Umleitungsstrategie zu einer Leistungssteigerung von 7,552 %. Während es immer noch möglich ist, die Leistungserfassung durch Umpositionierung der nachgelagerten Turbine zu erhöhen, ist dies durch Platzbeschränkungen begrenzt, und daher wird die Gierwinkelkorrektur als eine der primären Methoden zur Steuerung des Windparks betrachtet. Die mechanische Belastung, die auf den Giermotor wirkt, ist ebenfalls wichtig, wenn der Gierwinkel geändert wird. Um dies zu bewerten, wird das Gierlager-Moment basierend auf (5.6) aufgrund des vorgeschlagenen Steuerungsschemas berechnet, wenn die vorgelagerte Turbine im Giermodus betrieben wird, und ist bildlich in Abb. 5.10 dargestellt. Die Turbinenblattmasse von 69 Tonnen mit einem Rotordurchmesser von 80 m und einem Azimutwinkel $\psi = 0°$ wird berücksichtigt. Aus Abb. 5.10 können wir erkennen, dass das Leistungsdichtespektrum kleinere Amplitudenspitzen aufweist, was auf eine glatte adaptive Steuerung hinweist. Dies besagt auch, dass ein Windturbinengieren über die Grenzen hinaus erheblichen Verschleiß am Motor verursachen kann, was mit einem adaptiven Steuerungsschema verhindert werden kann.

Abb. 5.11 zeigt bildlich die Empfindlichkeit in Bezug auf den Eingang zur Anlage für ein Layout eines Windparks mit zwei Turbinen. Das Turbinenmodell und das Modell zur Schätzung des Wake-Zentrums werden zusammen als Anlage betrachtet, wie durch die Kaskaden-Übertragungsfunktion $G_1(s)G_2(s)$ angezeigt wird.

Das vorgeschlagene Schema wird auch getestet, um die effektive Luftturbulenz an der Turbine WT_2 zu bewerten. Abb. 5.12 zeigt die effektive Luftturbulenz, die auf WT_2

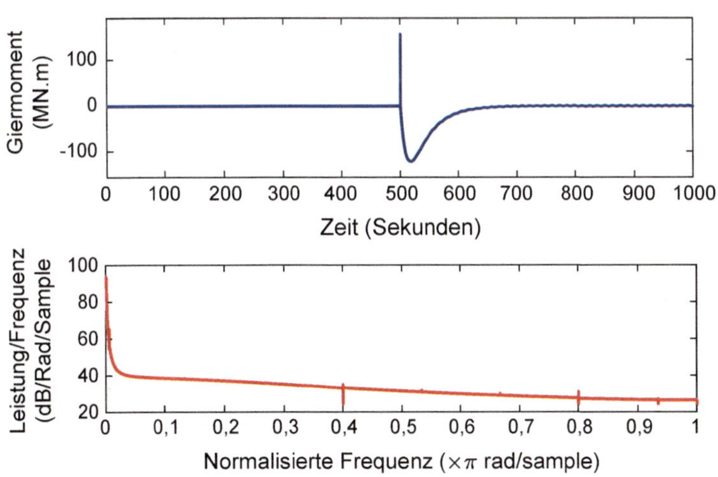

Abb. 5.10 Gierlagermoment und Leistungsdichte

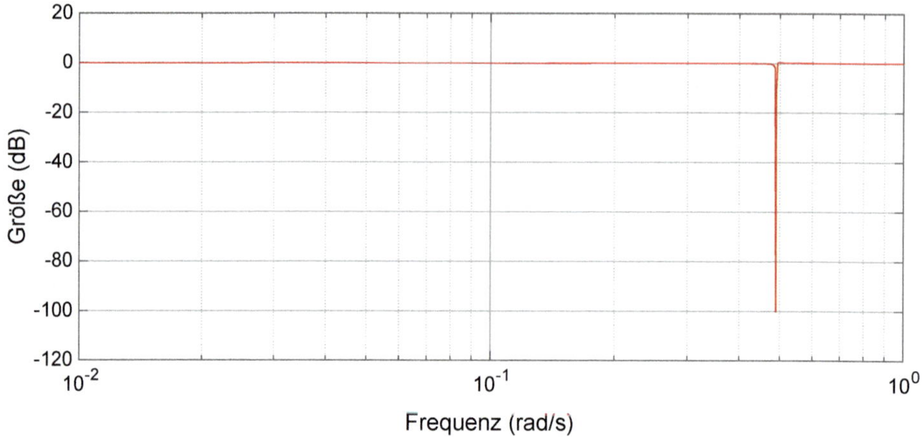

Abb. 5.11 Reglerempfindlichkeit für $G_1(s)G_2(s)$ für ein einzelnes Wake-Szenario

Abb. 5.12 Netto-Turbulenz für eine nachgelagerte Turbine

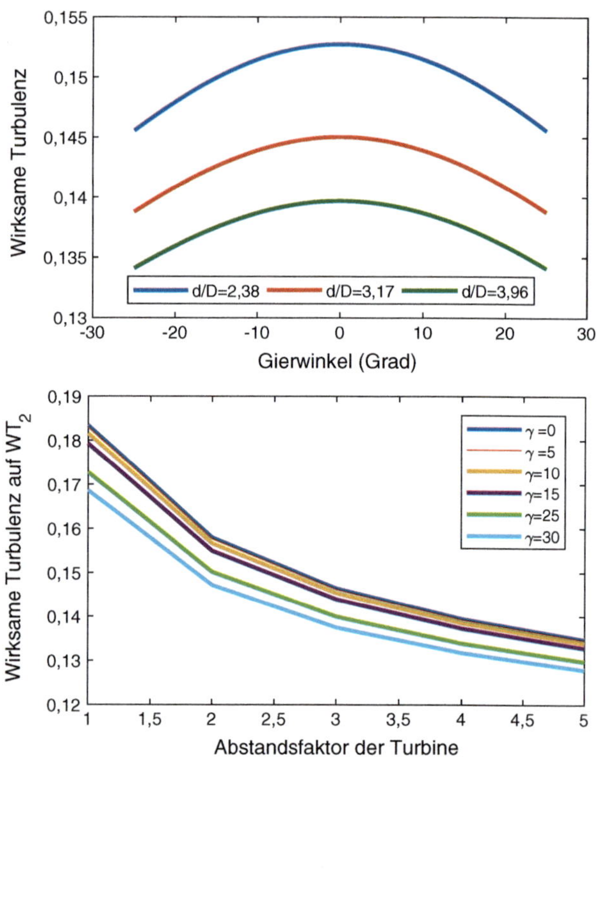

für verschiedene Werte der Yaw-Winkelkorrektur wirkt. Bei einem festen Yaw-Winkel nimmt die effektive Luftturbulenz auf WT_2 ab, wenn wir den Längsabstand zwischen WT_1 und WT_2 erhöhen. Dies deutet darauf hin, dass ohne Yawing der vorgelagerten Turbine die Neupositionierung der nachgelagerten Turbine die mechanische Belastung der nicht rotierenden Teile der Turbine erheblich reduzieren kann.

Das vorgeschlagene Steuerungsschema wird dann für ein Multi-Modell-Szenario bewertet, bei dem die LIDAR-Vorschau- oder Scandistanz variiert wird, um die Wake-Zentrum-Abweichung aufgrund von Yaw-Fehlausrichtung zu verfolgen. Es ist wichtig zu beachten, dass die Vorschau-Distanz so lange variiert werden muss, bis sie den Bereich des LIDAR ergänzt. Mit (5.5) wird die Wake-Zentrum-Abweichung bestimmt und eine Übertragungsfunktion wird mit dem Systemidentifikationstoolbox in MATLAB geschätzt. Der Yaw-Winkel wird als Eingang und die Wake-Zentrum-Abweichung als Ausgang der Übertragungsfunktion genommen. Das Modell mit der besten Schätzgenauigkeit wird gewählt. LIDAR-Simulationen werden mit WT_2 durchgeführt, um die Wake-Trajektorie für verschiedene Vorschau-Distanzen $d_{LIDAR} = M^L D_0$ zu verfolgen, wobei $M^L \in [1, 2, 2.5, 3]$. Ein Übertragungsfunktionsmodell für das Wake-Modell wird für jede LIDAR-Vorschau-Distanz erhalten und das Wake-Zentrum für verschiedene Modelle berechnet. Es wird dann erlaubt, die Referenz-Wake-Trajektorie zu verfolgen, um eine gewünschte Yaw-Einstellung für die vorgelagerte Turbine WT_1 mit einem adaptiven PI-Regler einzustellen. Für einen Multi-Modell-Ansatz wird die Wake-Zentrum-Schätzung in Abb. 5.13 dargestellt.

Die Modellunsicherheit, die sich in Form von d_{LIDAR} widerspiegelt, wird in diesem Fall berücksichtigt, und es wird beobachtet, dass bei einer Vorschauentfernung von $d_{LIDAR} = 2D_0$ die Steuerung schnell ist und der Fehler zwischen Referenz- und Messwert gering ist. Betrachten Sie ein Windpark-Layout mit fünf Turbinen, wie in Abb. 5.14 dargestellt. Basierend auf dem vorgeschlagenen Wake-Management-Schema für mehrere Windturbinen verfolgen wir hier die effektiven Wake-Zentren, denen die Turbinen WT_4 und WT_5 ausgesetzt sind. Zum Beispiel beobachtet die Windturbine WT_4 den Wake-Effekt von den stromaufwärts gelegenen Turbinen WT_1 und WT_2. Ebenso können wir bei der Windturbine WT_5 beobachten, dass der Wake-Effekt von WT_1, WT_3 und WT_4 dominant ist. Die Längsabstände zwischen den Turbinen werden in Bezug auf den Rotordurchmesser (D_0) dargestellt. Unter Verwendung von (5.13), dem von Bastankhah und Porté-Agel vorgeschlagenen Gaußschen Defizit [4], berechnen wir das effektive Geschwindigkeitsdefizit an der Position der stromabwärts gelegenen Turbine WT_4 und WT_5. In diesem Szenario wird das Geschwindigkeitsdefizit für zwei Fälle bestimmt: (i) nicht-geschwenkt, wenn die Gierwinkel der stromaufwärts gelegenen Turbinen unverändert bleiben, und (ii) wenn die Gierwinkel der stromaufwärts gelegenen Turbinen geändert werden.

Tab. 5.2 zeigt Parameter im Zusammenhang mit Turbinen und dem Wake-Modell. Zur Bestimmung des effektiven Geschwindigkeitsdefizits unter geschwenkten Bedingungen sind die Gierwinkel γ_j für $j \in [1, 2, 3, 4]$ in Tab. 5.2 aufgeführt.

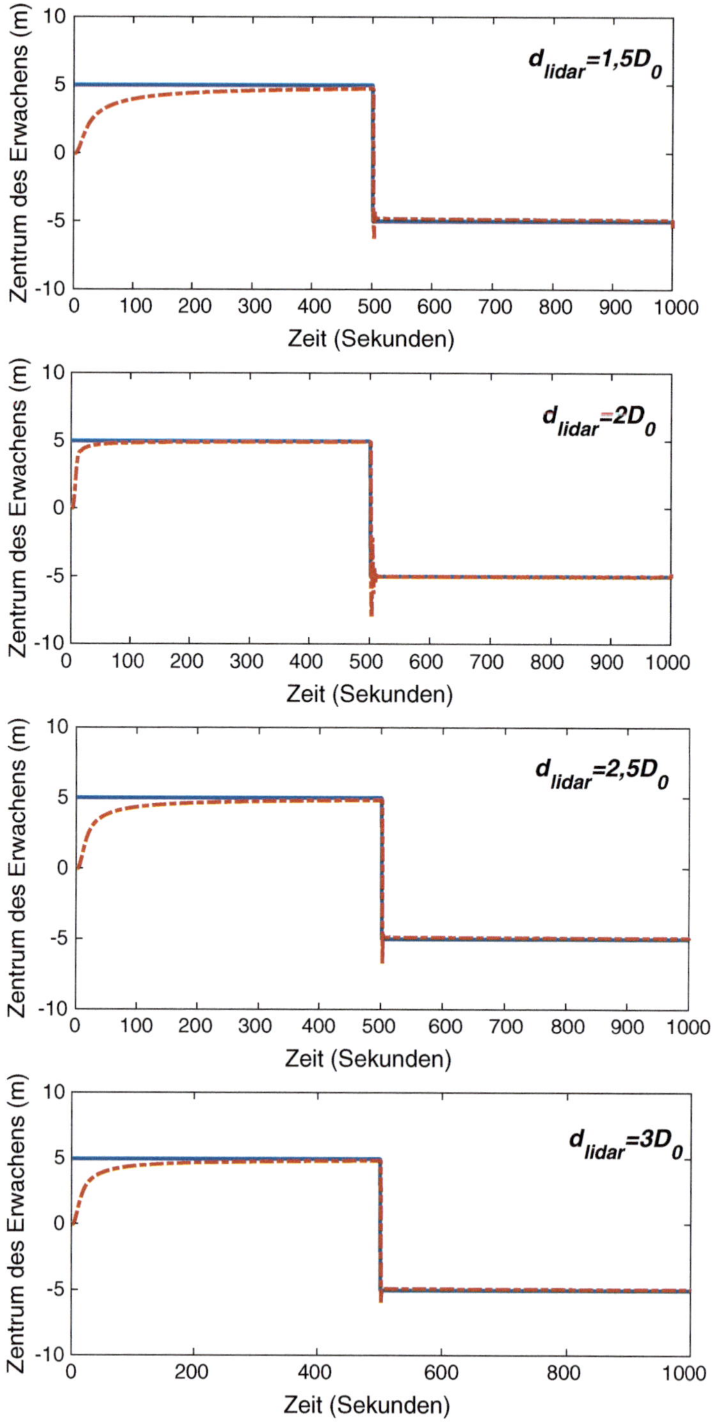

Abb. 5.13 Multi-Modell-Ansatz für einen Windpark mit zwei Turbinen. Die blaue (durchgezogene) Linie stellt das Referenz-Wake-Zentrum dar, und die orange (gepunktete) Linie stellt die geschätzte Wake-Zentrum-Abweichung dar

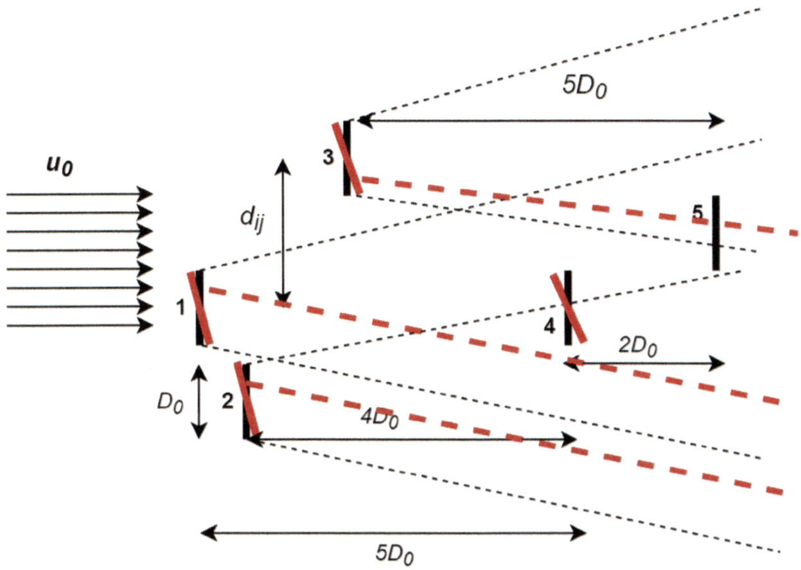

Abb. 5.14 Windpark-Layout mit fünf Turbinen für nicht-geschwenkte und geschwenkte Bedingungen

Tab. 5.2 Parameter der Windturbine für WT_4 und WT_5

Parameter	Wert
Rotorradius (r_0)	40 m
Aufwachsfaktor (k)	0.0075
Aufwachmodellparameter (k_d)	0.15
Schubkoeffizient (C_T)	0.888
γ_1	$[-5°, 5°]$
γ_2	$[-10°, 10°]$
γ_3	$[-25°, 25°]$
γ_4	$[-15°, 15°]$

Nun wird unter Verwendung von (5.12) basierend auf dem Prinzip der quadratischen Superposition das effektive Geschwindigkeitsdefizit für nachgelagerte Turbinen WT_4 und WT_5 berechnet. Weiterhin wird unter Verwendung des in MATLAB verfügbaren Systemidentifikationstools das Übertragungsfunktionsmodell, das den Eingabewinkel der Turbinen mit dem Ausgangs-Geschwindigkeitsdefizit verknüpft, unter Verwendung von (5.15) bestimmt. Abb. 5.3 zeigt das Szenario mit mehreren Nachläufen, bei dem jedes Modell einer vorgelagerten und nachgelagerten Turbine als eine kollektive Einheit zur Schätzung des effektiven Sogzentrums betrachtet wird. Abb. 5.15 veranschaulicht die Schätzung des Sogzentrums für WT_1 und WT_2, die vorgelagerte Turbinen für WT_4 sind. Für WT_1 und

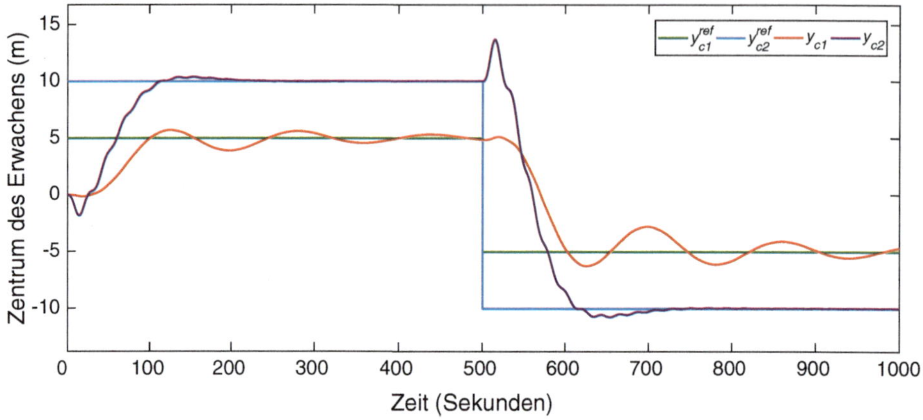

Abb. 5.15 Schätzung des Sogzentrums für aufwindige Turbinen WT_1 und WT_2

WT_2 wird das Sogzentrum geschätzt und dann mit einem adaptiven PI-Regler für den gewünschten Gierwinkel gesteuert, wie in Tab. 5.2 aufgeführt. Mit Bezug auf Abb. 5.15 sind y_{c1}^{ref}, y_{c2}^{ref} die Referenz-Sogzentren für WT_1 und WT_2. Ebenso wird für WT_5 das Sogzentrum für aufwindige Turbinen WT_1, WT_3 und WT_4 geschätzt und mit einem adaptiven PI-Regler gesteuert. Die vorgelagerten Turbinen zielen darauf ab, den Referenz-Sogzentren zu folgen, wobei der gemessene Ausgang das effektive Sogzentrum für die nachgelagerten Turbinen ist.

Ähnlich veranschaulicht Abb. 5.16 die Referenz- und geschätzten Wake-Zentren für WT_1 und WT_4 basierend auf dem vorgeschlagenen Schema für ein Szenario mit mehreren Wakes.

Im vorliegenden Kontext wird eine LIDAR-basierte adaptive Regelung im geschlossenen Regelkreis für ein Layout mit zwei und fünf Windturbinen untersucht. Eine adaptive Regelungsmethode wird implementiert, um die Unsicherheiten im Modell zur Schätzung des Wake-Zentrums zu identifizieren. Die Übertragungsfunktionsmodelle für Windturbine und Wake-Zentrum werden mit der in MATLAB/Simulink verfügbaren Systemidentifikationstoolbox erhalten. LIDAR-Simulationen werden für ein Layout mit zwei Windturbinen durchgeführt, das die Trajektorie des Wake-Zentrums verfolgt. Eine LIDAR-Vorschauentfernung von $1D_0$ wird verwendet und der korrigierte Gierwinkel wird dann auf die aufwindige Turbine angewendet. Die Ergebnisse zeigen eine 7,552 %ige Steigerung der Gesamtleistung des Windparks. Die Auswirkung der Gierwinkelabweichung auf die effektive Luftturbulenz wird ebenfalls untersucht und für $\gamma = 0°$ ist die Turbulenz, die auf eine nachgelagerte Turbine wirkt, insbesondere WT_2, maximal, was auf die Notwendigkeit einer Gierwinkelabweichung hinweist. Mit einem adaptiven Regler wird auch das Szenario des Multi-Modell-Ansatzes untersucht und die Wake-Management-Strategie für verschiedene LIDAR-Vorschauentfernungen überprüft. Weiterhin wird unter Verwendung eines Layouts mit fünf Turbinen eine Strategie auf der

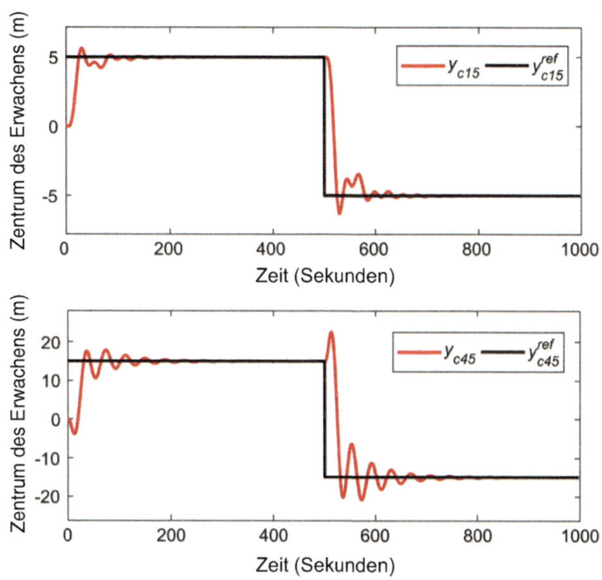

Abb. 5.16 Schätzung des Wake-Zentrums für aufwindige Turbinen WT_1 und WT_4

Basis des effektiven Wake-Zentrums und effektiven Geschwindigkeitsdefizits als Übertragungsfunktionen modelliert und kann zur Optimierung der Leistungsausgabe verwendet werden. Der Anwendungsbereich dieser vorgeschlagenen Methodik liegt in der Erweiterung zur Ekman-Schicht, wo Wirbel den Wake-Fluss in Form der Corioliskraft dominieren.

5.7 Fallstudie für ein Layout mit 15 Windturbinen

Die Steuerung des Wake-Zentrums für mehrere Windturbinen wird für ein Layout mit 15 Turbinen getestet, wobei die Turbine WT_{12} als interessante Turbine ausgewählt wird, da sie den Wake-Effekt von den aufwindigen Turbinen wie $WT_2, WT_3, WT_4, WT_5, WT_7, WT_9$ und WT_{10} ausgesetzt ist. Der Abstand zwischen den einzelnen Turbinen wird als Vielfaches des Rotordurchmessers ausgedrückt, wie in Abb. 5.17 dargestellt.

Die Wake-Zentren für einzelne vorgelagerte Turbinen werden durch Berechnung des effektiven Geschwindigkeitsdefizits im Gierzustand gesteuert. Die entsprechenden Gierwinkel von WT_j für $j \in [2, 3, 4, 5, 7, 9, 10]$ sind $\gamma_2 = 2°$, $\gamma_3 = 2.5°$, $\gamma_4 = 5°$, $\gamma_5 = 7°$, $\gamma_7 = 9°$, $\gamma_9 = 10°$ und $\gamma_{10} = 15°$. Die empirische Beziehung zwischen effektivem Wake-Zentrum und effektivem Geschwindigkeitsdefizit, die so aus (5.15) berechnet wird, wird dann in eine Gesamtübertragungsfunktion mit mehreren Eingängen und einem Ausgang umgewandelt. Das Wake-Zentrum einzelner vorgelagerter Turbinen wird für den Gierwinkel auf der Grundlage des effektiven Wake-Zentrums aufgrund aller vorgelagerter Turbinen gesteuert. Das LIDAR, das an der Gondel von WT_{12} montiert ist, scannt das

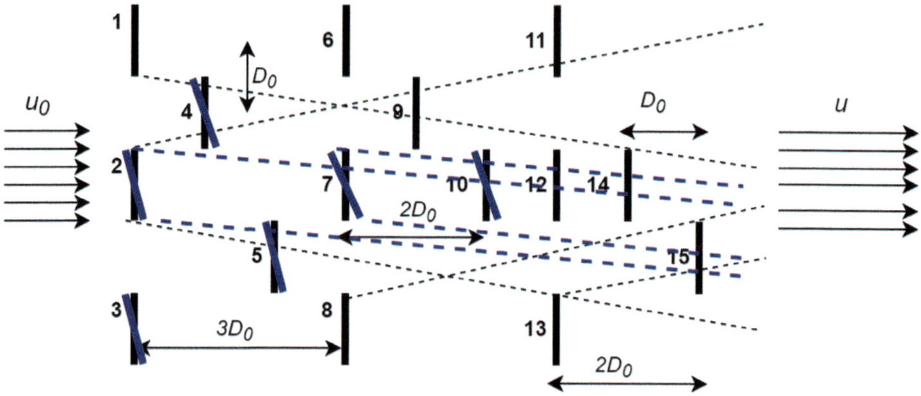

Abb. 5.17 Layout für einen 15-Turbinen-Windpark im nicht-geneigten (schwarze durchgezogene Linie) und geneigten Zustand (blaue durchgezogene Linie)

effektive Windfeld mithilfe aller vorgelagerter Turbinen. Die LIDAR-Scan-Distanz wird als $d_{LIDAR} = 2D_0$ zur Schätzung der Wake-Breite genommen. Die Abb. 5.18 und 5.19 zeigen das Wake-Zentrum, das durch die Übertragungsfunktion und durch den Kalman-Filter geschätzt wird. Der Kalman-Filter schätzt das Wake-Zentrum basierend auf dem Gierwinkel-Eingang für ein Mehrfach-Eingang-Einzel-Ausgang (MISO)-System.

Die Ergebnisse aus den Abb. 5.18 und 5.19 zeigen, dass der Kalman-Filter das Wake-Zentrum aufgrund der nichtlinearen Natur der Windgeschwindigkeit nicht mit hoher Genauigkeit verfolgt, wohingegen die vorgeschlagene Methodik dies bewältigt. Die Wake-Zentrum-Steuerung für das 15-Turbinen-Windpark-Layout, basierend auf der vorgeschlagenen Methodik, führt zu einer verbesserten Energieerfassung und zu reduzierter Turbulenz.

Da die Windgeschwindigkeit enorme Zufälligkeit aufweist, scheitert die auf dem Kalman-Filter basierende Schätzung daran, die durch das Wake-Effekt- dominierte Windfeld verursachten Unsicherheiten zu verfolgen. Dies soll nicht bedeuten, dass neuere Varianten der KF-Techniken nicht besser abschneiden würden, aber die Tatsache, dass die grundlegende Variante nicht so gut wie die vorgeschlagene Methode abschneidet, ist signifikant. Um die vorgeschlagene Methodik zu bewerten, wird das Geschwindigkeitsdefizit, das durch jede vorgelagerte Turbine für das 15-Turbinen-Layout verursacht wird, unter Verwendung des Gauß'schen Wake-Profils sowohl für nicht gegierte als auch für gegierte Konfigurationen unter Verwendung von (5.12) berechnet.

Abb. 5.20 zeigt das effektive Geschwindigkeitsdefizit, und während der Gierkonfiguration wird festgestellt, dass das Defizit 6,15 % geringer ist als bei der nicht gegierten Konfiguration.

Tab. 5.3 zeigt die von jeder Turbine im 15-Turbinen-Farm-Layout erfasste Leistung.

Weiterhin stellt Abb. 5.21 die normalisierte Geschwindigkeit bei WT_{12} aufgrund jeder vorgelagerten Turbine dar. Die Diagramme für WT_2 und WT_3 zeigen, dass der Gierwinkel

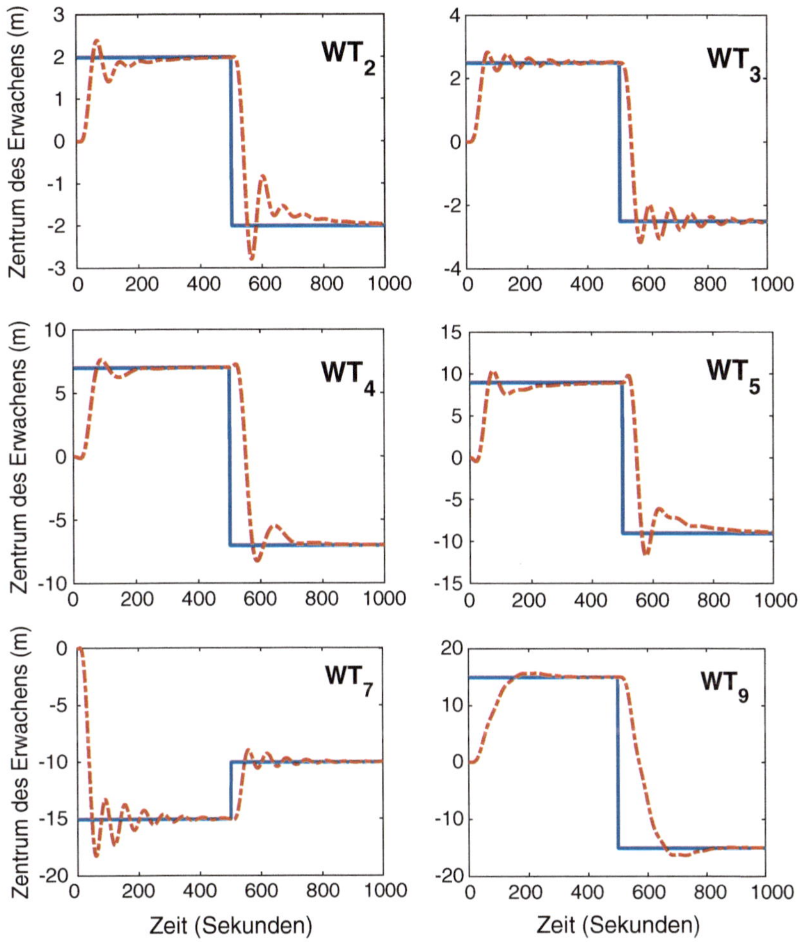

Abb. 5.18 Wake-Zentrum, geschätzt durch das Übertragungsfunktionsmodell (orange gestrichelte Linie) und Referenz-Wake-Zentrum (blaue durchgezogene Linie) für vorgelagerte Turbinen von WT_{12}

aufgrund der großen Abstandsweite von $6D_0$ zur Turbine WT_{12} keinen signifikanten Einfluss auf das Geschwindigkeitsdefizit hat. Für WT_7, WT_9 und WT_{10} verbessert das Gieren der Turbine das Geschwindigkeitsdefizit, was sich wiederum in einer erhöhten Energieerfassung widerspiegelt. Die minimale Geschwindigkeit wird bei $y/D_0 = 0$ gefunden, was im Wesentlichen das Zentrum des Sogs oder die Position anzeigt, an der der maximale Leistungsverlust auftritt.

Die Leistungen für nicht gegierte (P_{ny}) und gegierte (P_y) Konfigurationen werden unter Berücksichtigung einer freien Windgeschwindigkeit von $v_0 = 10$ m/s berechnet. Weiterhin wird die Windgeschwindigkeit an jeder nachgelagerten Turbine auf

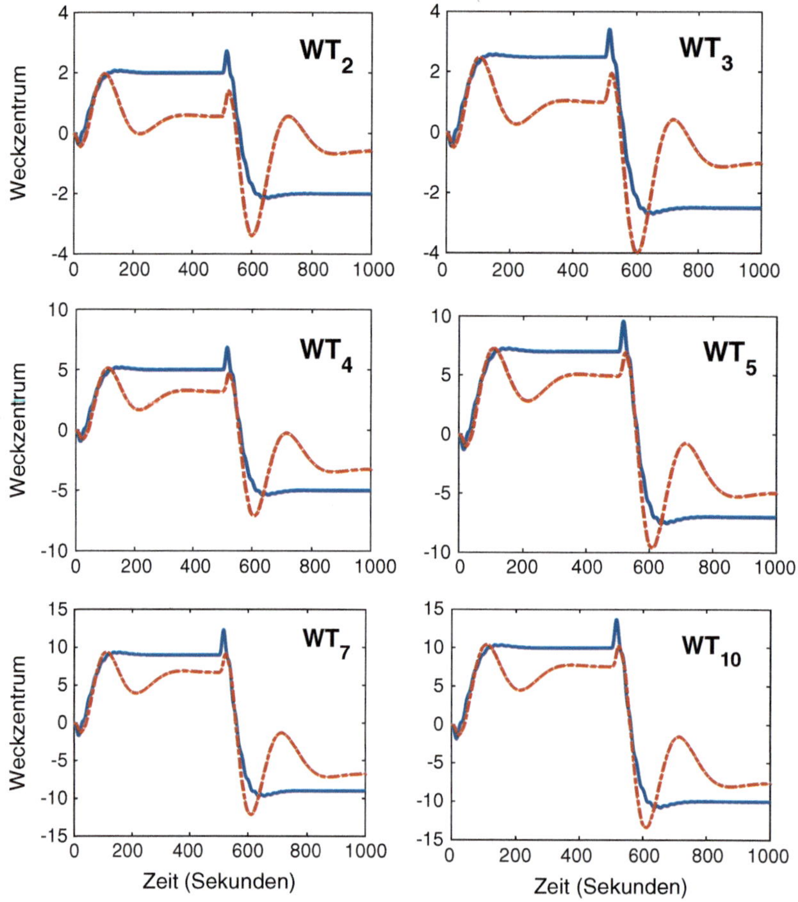

Abb. 5.19 Wake-Zentrum, geschätzt durch das Übertragungsfunktionsmodell (blaue durchgezogene Linie) und Kalman-Filter (orange gestrichelte Linie) für vorgelagerte Turbinen von WT_{12}

der Basis des Gauß'schen Sogmodells berechnet. Für jede Turbine wird die Leistung, die erfasst wird, wenn die vorgelagerten Turbinen gegiert sind, höher als in der nicht gegierten Konfiguration. Quantitativ wird ein Anstieg der Gesamtleistung des Windparks um 1,7 % beobachtet, wenn er in gegierter Konfiguration betrieben wird. Unter den ähnlichen Studien, die zur Leistungsmaximierung, basierend auf Gierkorrektur, durchgeführt wurden, haben die Autoren in [1] einen Windkanaltest durchgeführt, bei dem der Effekt des Gierens der vorgelagerten Turbine auf die nachgelagerte Turbine analysiert wird. Der Anstieg des Leistungskoeffizienten der nachgelagerten Turbine wird durch eine experimentelle Studie für eine nachgelagerte Entfernung von 3D validiert. Ein Vorteil der vorgeschlagenen Methodik ist die Berechnungszeit, da die Blöcke

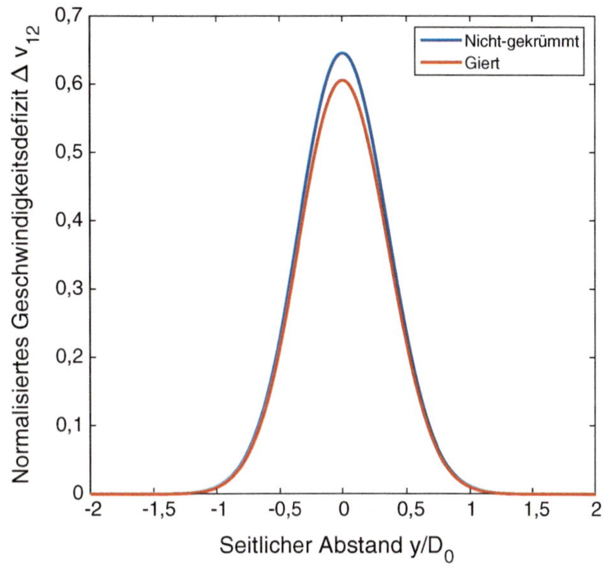

Abb. 5.20 Effektives Geschwindigkeitsdefizit für WT_{12} unter nicht gegierter und gegierter Bedingung

Tab. 5.3 Individuelle Turbinenleistung bei nicht gegierter und gegierter Bedingung

Windturbine	Upstream-Turbine	Leistung (P_{ny}) (MW)	Leistung (P_y) (MW)	% Änderung
WT_1	NA	2.8274	2.8274	0.00
WT_2	NA	2.8274	2.8223	–0.1800
WT_3	NA	2.8274	2.8223	–0.1800
WT_4	1, 2	1.5074	1.5116	+ 0.2786
WT_5	2, 3	2,6816	2,6916	+ 0,3729
WT_6	1, 4	2,0666	2,0891	+ 1,0887
WT_7	2, 4, 5	2,0561	2,1541	+ 4,7663
WT_8	3, 5	2,0162	2,1130	+ 4,8011
WT_9	1, 4, 6, 7	2,0053	2,1016	+ 4,8022
WT_{10}	2, 5, 7, 9	2,0001	2,0884	+ 4,4414
WT_{11}	1, 2, 4, 6, 9	2,0761	2,0962	+ 0,9681
WT_{12}	2, 3, 4, 5, 7, 9, 10	1,9821	1,9959	+ 0,6962
WT_{13}	3, 5, 8	2,0752	2,0965	+

Übertragungsfunktionsmodelle beinhalten. Sie ist jedoch durch die dynamischen Effekte in der atmosphärischen Grenzschicht wie die turbulente Vermischung der Nachläufe begrenzt. LIDAR-basierte Messungen der Windgeschwindigkeit unterstützen die

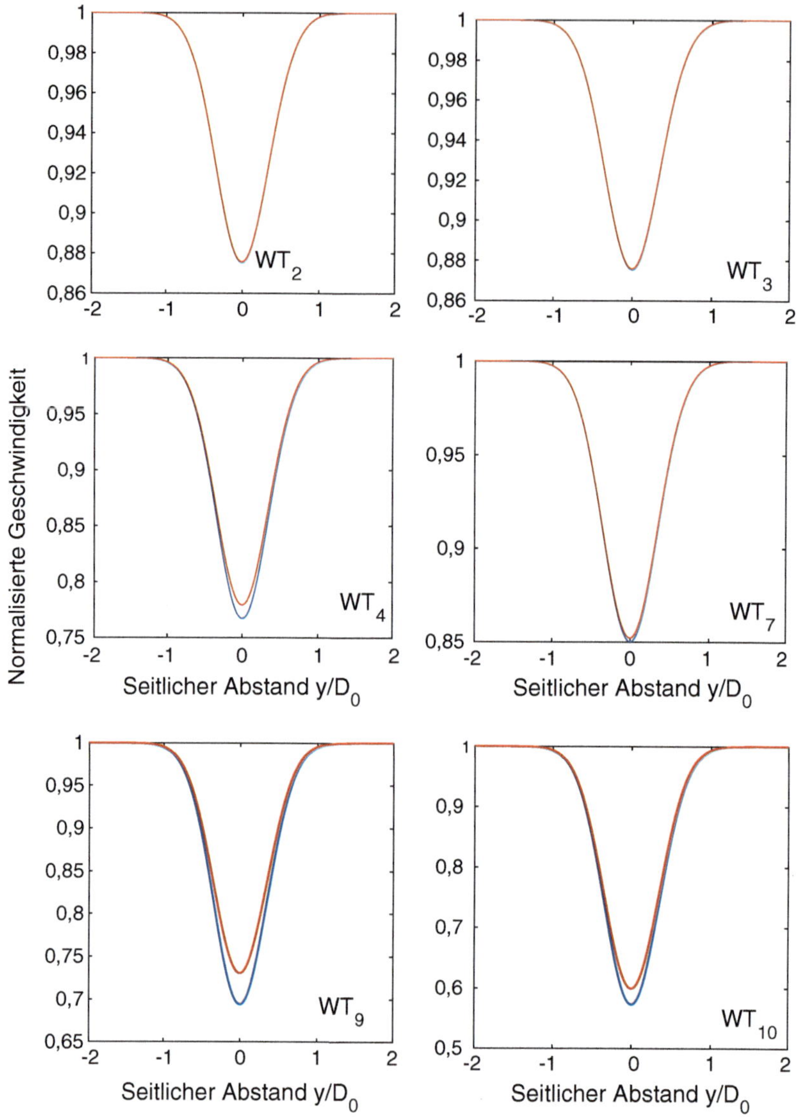

Abb. 5.21 Normalisierte Geschwindigkeit für WT_{12} für nicht gegierte (blau) und gegierte (orange) Bedingung

Steuerungsaktion für geeignete Gierwinkelkorrekturen. Weiterhin zeigen industrielle Experimente von General Electric, dass die auf Sogmanagement basierende Steuerung die Anlagenleistung im Bereich von 0,5–2 % erhöht [8].

Die aktuelle Arbeit schlägt eine neuartige, auf Übertragungsfunktionen basierende, geschlossene Regelungsstrategie für Windparks vor, die darauf abzielt, das Sogzentrum der vorgelagerten Turbine zu verfolgen, um die Leistung an der nachgelagerten Turbine zu maximieren. Ein datengesteuerter Ansatz wird verwendet, um Übertragungsfunktionen zwischen dem Eingangs-Gierwinkel und dem Ausgangs-Sogzentrum für ein Multi-Modell-Szenario zu bestimmen. Weiterhin wird für ein Szenario mit mehreren Windturbinen das effektive Windgeschwindigkeitsdefizit verwendet, um das effektive Sogzentrum für eine bestimmte vorgelagerte Turbine (WT_{12}) in unserem Fall zu modellieren. Durch die Nutzung fortschrittlicher Regelungsalgorithmen integriert das Sogmanagement Daten mit zufälligen Windcharakteristiken und Mikrostandortinformationen. Die vorgeschlagene Methodik wird mit der KF-Technik verglichen. Die Ergebnisse zeigen, dass die auf KF basierende Nachlaufzentrumsschätzung unter Unsicherheiten in der Windgeschwindigkeit leidet, die durch LIDAR-basierte Messungen genau gehandhabt werden. Weiterhin wird ein Anstieg der Gesamtwindleistung um 1,7 % festgestellt, wenn die vorgelagerten Turbinen im gegierten Modus betrieben werden.

Literatur

1. Adaramola M, Krogstad PÅ (2011) Experimental investigation of wake effects on wind turbine performance. Renew Energy 36(8):2078–2086
2. Antonini EG, Romero DA, Amon CH (2019) Improving CFD wind farm simulations incorporating wind direction uncertainty. Renew Energy 133:1011–1023
3. Barthelmie RJ, Pryor SC (2019) Automated wind turbine wake characterization in complex terrain. Atmos Meas Tech Discuss, 1–31
4. Bastankhah M, Porté-Agel F (2014) A new analytical model for wind-turbine wakes. Renew Energy 70:116–123
5. Beyer F, Luhmann B, Raach S, Stuttgarter PWC (2015) Shadow effects in an offshore wind farm – potential of vortex methods for wake modelling
6. Bianchi FD, Mantz RJ, Battista HD (2007) Wind turbine control systems. Springer, London
7. Boersma S, Doekemeijer B, Gebraad P, Fleming P, Annoni J, Scholbrock A, Frederik J, van Wingerden JW (2017) A tutorial on control-oriented modeling and control of wind farms. In: 2017 American control conference (ACC). IEEE
8. Burra R, Ambekar A, Narang H, Liu E, Mehendale C, Thirer L, Longtin K, Shah M, Miller N (2014) GE brilliant wind farms. In: 2014 IEEE symposium on power electronics and machines for wind and water applications. IEEE
9. Cacciola S, Bertelè M, Schreiber J, Bottasso C (2016) Wake center position tracking using downstream wind turbine hub loads. J Phys: Conf Ser 753:032036
10. Campagnolo F, Petrović V, Schreiber J, Nanos EM, Croce A, Bottasso CL (2016) Wind tunnel testing of a closed-loop wake deflection controller for wind farm power maximization. J Phys: Conf Ser 753:032006
11. Chen CT (2001) Direct adaptive control of chemical process systems. Ind Eng Chem Res 40(19):4121–4140
12. Chowdhury S, Zhang J, Messac A, Castillo L (2012) Unrestricted wind farm layout optimization (UWFLO): investigating key factors influencing the maximum power generation. Renew Energy 38(1):16–30
13. Dar Z, Kar K, Sahni O, Chow JH (2017) Windfarm power optimization using yaw angle control. IEEE Trans Sustain Energy 8(1):104–116

14. Deb D, Tao G, Burkholder J, Smith D (2005) An adaptive inverse control scheme for a synthetic jet actuator model. In: Proceedings of the 2005, American control conference. IEEE
15. Deb D, Tao G, Burkholder J, Smith D (2008) Adaptive synthetic jet actuator compensation for a nonlinear aircraft model at low angles of attack. IEEE Trans Control Syst Technol 16(5):983–995
16. Dou B, Guala M, Lei L, Zeng P (2019) Experimental investigation of the performance and wake effect of a small-scale wind turbine in a wind tunnel. Energy 166:819–833
17. Doubrawa P, Barthelmie R, Wang H, Pryor S, Churchfield M (2016a) Wind turbine wake characterization from temporally disjunct 3-d measurements. Remote Sens 8(11):939
18. Doubrawa P, Barthelmie RJ, Wang H, Churchfield MJ (2016b) A stochastic wind turbine wake model based on new metrics for wake characterization. Wind Energy 20(3):449–463
19. Dunne F, Pao L, Wright A, Jonkman B, Kelley N (2010) Combining standard feedback controllers with feedforward blade pitch control for load mitigation in wind turbines. In: 48th AIAA aerospace sciences meeting including the new horizons forum and aerospace exposition. American Institute of Aeronautics and Astronautics
20. Fleming P, Annoni J, Shah JJ, Wang L, Ananthan S, Zhang Z, Hutchings K, Wang P, Chen W, Chen L (2017) Field test of wake steering at an offshore wind farm. Wind Energy Sci 2(1):229–239
21. Fleming PA, Gebraad PM, Lee S, van Wingerden JW, Johnson K, Churchfield M, Michalakes J, Spalart P, Moriarty P (2014) Evaluating techniques for redirecting turbine wakes using SOWFA. Renew Energy 70:211–218
22. Gebraad P, Fleming P, van Wingerden J (2015) Wind turbine wake estimation and control using FLORIDyn, a control-oriented dynamic wind plant model. In: 2015 American control conference (ACC). IEEE
23. Gebraad PMO, Teeuwisse F, van Wingerden J, Fleming PA, Ruben SD, Marden JR, Pao LY (2014) A data-driven model for wind plant power optimization by yaw control. In: 2014 American control conference, IEEE
24. Howland MF, Bossuyt J, Martínez-Tossas LA, Meyers J, Meneveau C (2016) Wake structure in actuator disk models of wind turbines in yaw under uniform inflow conditions. J Renew Sustain Energy 8(4):043301
25. Ioannou PA, Sun J (1995) Robust adaptive control. Prentice-Hall Inc, Upper Saddle River
26. Iungo GV (2016) Experimental characterization of wind turbine wakes: wind tunnel tests and wind LiDAR measurements. J Wind Eng Ind Aerodyn 149:35–39
27. Jiménez Á, Crespo A, Migoya E (2009) Application of a LES technique to characterize the wake deflection of a wind turbine in yaw. Wind Energy 13(6):559–572
28. Jonkman J, Butterfield S, Musial W, Scott G (2009) Definition of a 5-MW reference wind turbine for offshore system development. Technical report
29. Katic I, Højstrup J, Jensen N (1987) A simple model for cluster efficiency. A. Raguzzi, S 407–410
30. Landau ID, Lozano R, M'Saad M, Karimi A (2011) Adaptive control. Springer, London. https://doi.org/10.1007/978-0-85729-664-1
31. Larsen G, Larsen T, Chougule A (2017) Medium fidelity modelling of loads in wind farms under non-neutral abl stability conditions a full-scale validation study. J Phys: Conf Ser 854(1):012026
32. Machefaux E, Larsen GC, Troldborg N, Gaunaa M, Rettenmeier A (2014) Empirical modeling of single-wake advection and expansion using full-scale pulsed lidar-based measurements. Wind Energy 18(12):2085–2103
33. Maeda T, Yokota T, Shimizu Y, Adachi K (2004) Wind tunnel study of the interaction between two horizontal axis wind turbines. Wind Eng 28(2):197–212

34. Manwell JF, McGowan JG, Rogers AL (2009) Wind energy explained. Wiley Ltd, New York
35. Nath A, Deb D, Dey R, Das S (2018) Blood glucose regulation in type 1 diabetic patients: an adaptive parametric compensation control-based approach. IET Syst Biol 12(5):219–225
36. Nguyen NT (2018) Model-reference adaptive control. Springer International Publishing, Berlin. https://doi.org/10.1007/978-3-319-56393-0
37. Patel R, Deb D (2018) Parametrized control-oriented mathematical model and adaptive backstepping control of a single chamber single population microbial fuel cell. J Power Sourc 396:599–605
38. Qian GW, Ishihara T (2018) A new analytical wake model for yawed wind turbines. Energies 11(3):665
39. Raach S, Schlipf D, Borisade F, Cheng PW (2016) Wake redirecting using feedback control to improve the power output of wind farms. In: 2016 American control conference (ACC). IEEE
40. Raach S, Schlipf D, Cheng PW (2016) Lidar-based wake tracking for closed-loop wind farm control. J Phys: Conf Ser 753:052009
41. Rezaei V (2014) LIDAR-based robust wind-scheduled control of wind turbines. In: 2014 American control conference. IEEE
42. Schlipf D, Kühn M (2008) Prospects of a collective pitch control by means of predictive disturbance compensation assisted by wind speed measurements. In: Proceedings of the 9th German wind energy conference DEWEK, 26th to 27th November, Bremen, Germany
43. Schlipf D, Fischer T, Carcangiu CE, Rossetti M, Bossanyi E (2010) Load analysis of look-ahead collective pitch control using lidar. In: Proceedings of the 10th German wind energy conference DEWEK
44. Schlipf D, Schlipf DJ, Kühn M (2012) Nonlinear model predictive control of wind turbines using LIDAR. Wind Energy 16(7):1107–1129
45. Scientific C (2016) Finance grade performance, zephir 300. Technical report, 14532 131 Avenue NW Edmonton AB T5L 4X4 Canada. https://s.campbellsci.com/documents/ca/product-brochures/zephir300_br.pdf
46. Shahalami SH, Farsi D (2018) Analysis of load frequency control in a restructured multi-area power system with the kalman filter and the LQR controller. AEU – Int J Electron Commun 86:25–46
47. Simley E, Pao L, Frehlich R, Jonkman B, Kelley N (2011) Analysis of wind speed measurements using continuous wave LIDAR for wind turbine control. In: 49th AIAA aerospace sciences meeting including the new horizons forum and aerospace exposition. American Institute of Aeronautics and Astronautics
48. Sun F, Hu X, Zou Y, Li S (2011) Adaptive unscented kalman filtering for state of charge estimation of a lithium-ion battery for electric vehicles. Energy 36(5):3531–3540
49. Thomsen K, Sørensen P (1999) Fatigue loads for wind turbines operating in wakes. J Wind Eng Ind Aerodyn 80(1–2):121–136
50. Vali M, Petrovic V, Boersma S, van Wingerden JW, Pao LY, Kuhn M (2018) Model predictive active power control of waked wind farms. In: 2018 annual American control conference (ACC). IEEE
51. Wang H, Barthelmie RJ, Doubrawa P, Pryor SC (2016) Errors in radial velocity variance from doppler wind lidar. Atmos Meas Tech 9(8):4123–4139

6 Lebensdauerverlängerung von BESS für hybride Windparks

Ein Batteriespeichersystem (BESS) ist ein System, das Energie mittels Batterietechnologie speichert, um sie später bei Bedarf zu nutzen. Intermittierende Windkraft erhöht nicht nur die Kosten für speziell konstruierte BESS, die in der stochastischen Windstromerzeugung benötigt werden, sondern führt auch zu einer verkürzten Batterielebensdauer. Dieses Kapitel befasst sich mit der Batterieoptimierung durch eine Windschattenmanagementtechnik, die darauf abzielt, die Betriebskosten zu senken. Eine Windfarm mit zwei Turbinen wird untersucht, und Lade- und Entladeereignisse der Batterie werden basierend auf dem Vorhersagefehler der Windgeschwindigkeit identifiziert. Die Lebenszyklusanzahl wird basierend auf einer empirischen Beziehung zwischen den Zyklen von Lade- und Entladezyklen und der Entladetiefe der Batterie bestimmt.

Es existieren drei verschiedene bedingte Analysen des Windfarm-Layouts, und zwar wie folgt: (i) ohne Windschatten, (ii) ohne Windschattenmanagement und (iii) mit Windschattenmanagement. Weiterhin werden die Betriebskosten und die Lebenszyklusanzahl für das BESS basierend auf einem globalen Batteriealterungsmodell bewertet, das Temperaturänderungen berücksichtigt. Die Ergebnisse werden für zwei Datensätze validiert, und es wird festgestellt, dass die Betriebskosten der Batterie mit der Implementierung der Windschattenmanagementtechnik an der aufwindigen Turbine minimal sind.

6.1 Einführung

Die Leistungsausgabe aus einer Windenergiequelle unterliegt aufgrund der zufälligen Natur des Windes hohen Schwankungen. Die Einspeisung von Windstrom leidet nicht nur unter Schwankungen, sondern auch unter den Kosten für die unterstützenden Dienstleistungen. Batteriespeichersysteme (BESS) stellen eine kosteneffiziente Lösung dar, um die Schwankungen der Windleistung zu mildern [2]. Die Energieeinspeisung auf

H. Dhiman und D. Deb, *Entscheidung und Steuerung in hybriden Windparks*,
https://doi.org/10.1007/978-981-97-8339-7_6

Basis von BESS wird durch Betriebsbeschränkungen geregelt, die oft die Entladefähigkeiten eines Batteriesystems bestimmen. Die Strafe, die Windenergiebetreiber typischerweise zahlen müssen, ist erheblich, wenn die prognostizierten Leistungsniveaus nicht den zugesicherten entsprechen. Solche Unregelmäßigkeiten können die Systemstabilität gefährden und die Abhängigkeit von Speichersystemen erhöhen [25]. Daher ist die Integration von Speichersystemen und erneuerbaren Quellen für einen optimierten Netzbetrieb eine Herausforderung [28].

Verschiedene Studien haben die Optimierung des Betriebs von Wind-Batterie-Hybridsystemen diskutiert, aber die Möglichkeit unter Windschattenbedingungen bleibt unerforscht. Die Windvorhersage ist ein wichtiges Marktverfahren, um einen zuverlässigen netzgekoppelten Betrieb zu gewährleisten. Catalao et al. haben basierend auf Zeitskalen mit kurzfristiger und mittelfristiger Windvorhersage in Elektrizitätsmärkten Vorhersagemethoden vorgestellt [6]. Allerdings stößt die Windvorhersage auf Herausforderungen in Bezug auf die Nichtlinearität der Windgeschwindigkeitszeitreihen, die besser durch fortschrittliche maschinelle Lernalgorithmen wie Support Vector Regression und Extreme Learning Machine gehandhabt werden.

Du et al. präsentieren ein neues hybrides Windvorhersagemodell, das die Ensemble-empirische Moduszerlegung [40, 41] zur Extraktion der Hauptmerkmale der Windgeschwindigkeitszeitreihen umfasst. Sie haben die Multi-Objective Moth-Flame Optimization verwendet, um optimale Parameter für das neuronale Netzwerk zu erhalten [14]. Die vorgeschlagene Methode wurde dann auf eine Windfarm in Sotavento in Spanien angewendet. Vier Zeitreihen mit 1500 Datenpunkten wurden genommen und in Trainings- (1200) und Testdatensätze (300) unterteilt. Die Ergebnisse zeigen, dass das vorgeschlagene Modell das Generalisierte Neuronale Netzwerk und das Wavelet-Neuronale Netzwerk in Bezug auf Fehlerattribute wie RMSE und MAE übertraf. Die Genauigkeit der Windgeschwindigkeitsvorhersage bestimmt die Abhängigkeit von den Speichersystemen, um den wirtschaftlichen Plan für das gesamte System zu erstellen. Hao et al. beschrieben ein detailliertes zweistufiges Modell, das den Fehler in Windkraftvorhersagen zunächst einbezieht, um eine stabilere und zuverlässigere Windkraft durch die Verwendung des Multi-Objective Grey Wolf Optimizer (MOGWO), basierend auf dem Modell Extreme Learning Machine (ELM-Modell) vorherzusagen [21, 29, 38, 39], und zur Modellvalidierung wurden drei Datensätze aus Ontario, Kanada, und Galicien, Spanien, verwendet, und das vorgeschlagene Modell wurde mit Benchmark-Modellen wie dem Persistenzmodell, ARIMA, Backpropagation-Neuronalen Netzwerk und Elman-Neuronalen Netzwerken verglichen.

Der Betrieb von BESS wird durch den Ladezustand (SoC) zu einem bestimmten Zeitpunkt bestimmt. Die SoC-Schätzung und -Vorhersage spielt eine wichtige Rolle bei den Lade- und Entladeeigenschaften der Batterie. Konventionell wird SoC als die in der Batterie vorhandene Ladung als Prozentsatz der vollen Ladekapazität definiert. Die Schätzung des SoC eines Batteriesystems findet ihre primäre Anwendung in Hybrid-Elektrofahrzeugen und Speichersystemen für erneuerbare Energiequellen (Solar und Wind). Parameter wie Leerlaufspannung (OCV) und Übertragungsimpedanz beeinflussen direkt den SoC. Unter vielen Methoden werden Kalman-Filterung [32], erweiterte Kalman-Filterung [7, 9, 34, 36, 45] und ungesättigte Kalman-Filterung [42] häufig verwendet.

Die SoC-Schätzung auf der Basis des Kalman-Filters wird durchgeführt, um die Batteriekapazität zu schätzen, indem ein äquivalenter Schaltkreis der Batterie in Form einer Spannungsquelle, Widerständen und Kondensatoren betrachtet wird. Die Beziehung zwischen SoC und der Leerlaufspannung der Batterie wird oft als nichtlinear über verschiedene Temperaturbereiche berichtet [43]. Der Kalman-Filter wurde erstmals 1960 vorgestellt und umfasst im Wesentlichen diskrete mathematische Ausdrücke zur Modellierung der Zustandsschätzung zusammen mit Prozess- und Messrauschen [20, 31]. Yu et al. diskutierten die SoC-Schätzung in Lithium-Ionen-Batterien unter Verwendung des Kalman-Filters [44]. Die Autoren betrachten ein Dual-Polarisation-Modell, das einem Zweitordnungsmodell für eine Batterie entspricht. Zur Validierung des Modells wird eine experimentelle Analyse für eine Li-Ionen-Phosphat-Batterie mit einer Nennspannung von 2,5 V und einer Kapazität von 280 mAh durchgeführt. Die Ergebnisse zeigen einen Fehler von 0,5 %. Mastali et al. diskutierten zwei Modelle, den erweiterten Kalman-Filter und den dualen Kalman-Filter, zur Schätzung des SoC unter Berücksichtigung der Auswirkungen der Batteriegeometrie [32]. Erweiterte Kalman-Filter- und duale erweiterte Kalman-Filter-Techniken werden für Batterie-Modelle mit festen und variablen Parametern verwendet. Zwei Geometrien mit zylindrischen und prismatischen Formen werden betrachtet und die Ergebnisse zeigen einen Schätzfehler von 4 %.

Chen et al. präsentierten die SoC-Schätzung für eine Li-Ionen-Batterie unter Verwendung eines Feedforward-Neuronalen Netzwerks (FFNN) und erweiterter Kalman-Filterung [7], um eine Batterie speziell bei niedrigen Temperaturen mit unbekanntem anfänglichen SoC zu modellieren. FFNN wird verwendet, um ein neuronales Netzwerk zu verfolgen, das die Eingaben SoC, Batteriestrom, Oberflächentemperatur und Polarisationszustand auf die Ausgangsbatterieklemmenspannung abbildet. Weiterhin wird die SoC-Schätzung auch in Hybrid-Elektrofahrzeugen in Harmonie mit dem Batteriemanagementsystem (BMS) verwendet. Aufgrund der dynamischen Natur der Batterie wird die SoC-Bestimmung online durchgeführt, um die verbleibende Lebensdauer vorherzusagen, um präventive Maßnahmen vor einem möglichen Ausfall zu ergreifen. Claude et al. führten eine experimentelle Validierung auf der Grundlage des erweiterten Kalman-Filters (EKF) für Li-Ionen-Batterien durch [9], unter Berücksichtigung eines doppelten RC-Elektroschaltkreises, dessen Parameter durch Bestimmung des Spannungsabfalls bei Anwendung von Lade-/Entladesignalen berechnet werden. Polynomiale Gleichungen, die sich auf die Leerlaufspannung und den SoC mit viertem und sechstem Grad beziehen, wurden mit einem Fehler im Bereich von etwa 4–18 % zwischen experimentellen Werten und denen, die durch EKF bestimmt wurden, ermittelt. Weiterhin demonstrierten Chen et al. eine Online-SoC-Schätzung für Li-Ionen-Batterien unter Verwendung einer verbesserten ungesättigten Kalman-Filter-Methode (IUKF) [8]. Die Batterieparameter werden offline identifiziert und eine

Beziehung zwischen Leerlaufspannung und SoC wird in MATLAB erhalten. Um die durch unsachgemäße Modellierung der Batterie und des Prozessrauschens verursachten Einschränkungen zu überwinden, wird ein adaptiver Modell- und Rauschalgorithmus vorgeschlagen. Experimentelle Ergebnisse deuteten auf die Überlegenheit von IUKF gegenüber dem adaptiven UKF mit einer Fehlerquote von nur 1,5 % hin.

Coulomb-Zählung und auf maschinellem Lernen basierende Methoden wie künstliche neuronale Netze und Support-Vektor-Maschinen werden ebenfalls zur Schätzung des Ladezustands (SoC) einer Batterie verwendet [26]. Kommerziell verfügbare BESS umfassen Blei-Säure-Batterien (LA), Lithium-Ionen-Batterien (Li-Ion), Natrium-Schwefel-Batterien (NaS) und Nickel-Cadmium-Batterien (NiCd). Unter diesen wird die Blei-Säure-Batterie aufgrund ihrer tiefen Lade- und Entladefähigkeit zur Bereitstellung von Reservekapazität in Windparks verwendet.

Der Betrieb von Windparks leidet nicht nur unter Prognosefehlern, sondern auch unter dem durch aufwindige Turbinen erzeugten Wake-Effekt. Das oben genannte aerodynamische Phänomen führt zu einer Reduktion der effektiven Leistung, die an den nachgelagerten Turbinen erfasst wird. Das frühe Wake-Modell, das von N. Jensen entwickelt wurde, fasst die Entwicklung des Wake hinter dem Rotordurchmesser zusammen [24]. Jensens Wake-Modell wird für die Leistungsberechnungen von Windparks verwendet [35], und andere Arbeiten wurden validiert und getestet, um die Leistungsverluste im Wind zu berücksichtigen, und die Verluste liegen im akzeptablen Bereich [5, 10, 33]. Das Geschwindigkeitsdefizit aufgrund des Wake-Effekts kann entweder durch die axiale Induktionsmethode, die den Pitch der aufwindigen Turbine verändert, oder durch die Umleitung des Wake hinter der aufwindigen Turbine durch Änderung des Gierwinkels minimiert werden. Die Wake-orientierte Umleitung wurde von Fleming et al. mit einem hochauflösenden Simulationswerkzeug untersucht, um die Auswirkungen der Wake-Umleitung auf die Leistungserfassungsfähigkeit der nachgelagerten Turbine zu untersuchen [17]. Darüber hinaus haben Gebraad et al. ein neuartiges dynamisches Wake-Modell zur Schätzung des Wake-Zentrums, der effektiven Windgeschwindigkeit und der Leistungserzeugung für nachgelagerte Turbinen in einem Windpark demonstriert [18]. Experimentelle Analysen haben auch gezeigt, dass die Steuerung des Gierwinkels der aufwindigen Turbine das Wake-Feld hinter dem Rotor ablenken und die Leistungserfassungsfähigkeiten der nachgelagerten Turbine verbessern kann [22, 23]. Die Neupositionierung der nachgelagerten Turbine kann den Rotorschatten unter der aufwindigen Turbine erheblich reduzieren, wie von Gebraad et al. beschrieben, da sie das Geschwindigkeitsprofil verbessert und die Nettoleistungserfassung erhöht [19].

Bei einem hybriden Windparkbetrieb liegt der Fokus auch auf den genauen Prognosen, die zur Planung des BESS-Einsatzes erforderlich sind. In Anlehnung an die Windprognose, unsere frühere Arbeit, auf hybriden maschinenintelligenten SVR-Varianten basierte [13], erweitern wir nun den hybriden Windparkbetrieb unter Berücksichtigung des Wake-Phänomens. Ein typischer BESS-unterstützter Windpark ist unregelmäßigen Leistungsabgaben ausgesetzt, und um die Gesamtsystemkosten zu optimieren und die Hürden bei häufigen Wartungen zu verringern, wird eine Wake-Management-Technik implementiert und für einen Windpark mit zwei Turbinen validiert. Der Hauptbeitrag dieses Kapitels umfasst die Kostenschätzung des BESS für jedes Kilowatt (kW) Windleistung, das in Anwesenheit von Wakes mit Ungenauigkeit im Prognosefehler vorhergesagt wird. Darüber hinaus wird die Lebenszyklusverbesserung des BESS mit einer geeigneten Wake-Management-Technik auf der Basis des Gierwinkels für eine Anordnung mit zwei Turbinen untersucht. Dieses Kapitel ist wie folgt organisiert: Abschn. 6.2 behandelt die Problemformulierung, wobei das Energiespeichermodell für die SoC-Prognose für Batterien sowie die Prognosestrategie für Windgeschwindigkeit und das BESS-Kostenmodell diskutiert werden. Abschn. 6.3 beleuchtet die Ergebnisse, gefolgt von der Diskussion in Abschn. 6.4.

6.2 Problemformulierung

In Bezug auf die Windgeschwindigkeitsprognose werden deterministische und probabilistische Prognosemethoden verwendet. Mit den Fortschritten in deterministischen Prognosemethoden wie Support-Vektor-Regression und Ensemble-Modellen wird hier jedoch kein probabilistischer Ansatz berücksichtigt, wobei jedes Windregime ein einzigartiges Verteilungsprofil darstellt. Dhiman et al. haben hybride Varianten von maschinenintelligenten SVR-Modellen für Windprognosen und Windrampenereignisse diskutiert [13]. Das aktuelle Szenario von BESS für die Integration von Windenergie beinhaltet erhebliche Fehler bei der Prognose der Windgeschwindigkeit, die dann bewertet werden, um entweder das BESS zu laden oder zu entladen. Falls die prognostizierte Windgeschwindigkeit die tatsächliche Windgeschwindigkeit übersteigt, wird das Defizit an Leistung durch Entladen des BESS kompensiert, sofern die SoC-Beschränkungen nicht verletzt werden. In Anwesenheit von Windwakes ist die tatsächliche Windgeschwindigkeit an der nachgelagerten Turbine jedoch viel geringer als die freie Windgeschwindigkeit an der aufwindigen Turbine, und das Defizit an erzeugter Leistung wird dann durch das BESS kompensiert. Da Speichervorrichtungen teure Anfangsinvestitionen sind, können unregelmäßige Lade- und Entladepläne die Batterielebensdauer erheblich beeinträchtigen und somit die Betriebskosten erhöhen. Eine auf dem Gierwinkel basierende Wake-Management-Strategie leitet den Wake-Strom hinter der aufwindigen Turbine um, um das verursachte Geschwindigkeitsdefizit zu reduzieren und somit die von der nachgelagerten Turbine erfasste Leistung zu erhöhen.

6.2.1 Windprognose mit Least Square Support Vector Regression

Least Square Support Vector Regression (LSSVR), eine Variante der ursprünglichen Formulierung von Suykens et al. [37], die Gleichheitsbeschränkungen wählt und das Quadrat des Strafterms in der Verlustfunktion minimiert, wird für genaue Prognosen in vielen verschiedenen Bereichen angewendet, wie in Abb. 6.1 dargestellt.

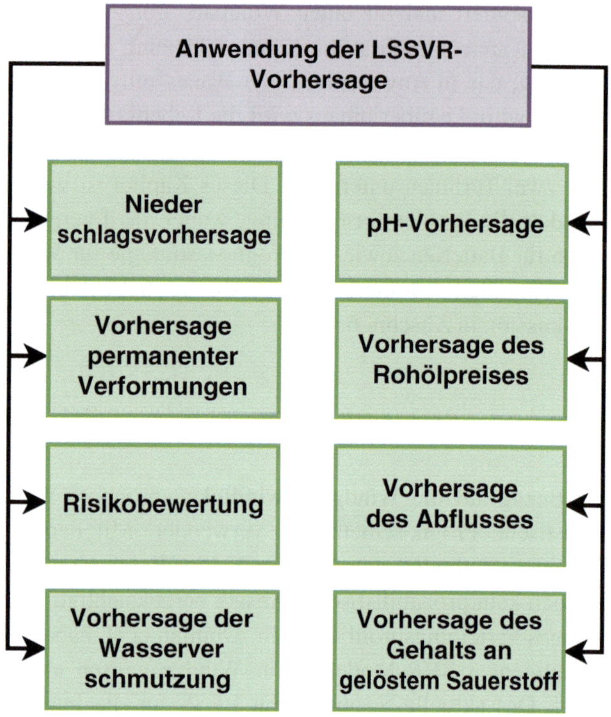

Abb. 6.1 Anwendungen von LSSVR

Mathematisch wird LSSVR ausgedrückt als

$$f(x) = w^{\mathrm{T}}\phi(x) + b, \tag{6.1}$$

mit $w \in \mathrm{R}^{\mathrm{n}}$ als Gewichtungsvektor, T repräsentiert die Vektortransformation, $x_i \in \mathrm{R}^{\mathrm{n}}$, $y \in \mathrm{R}$, und b als Bias-Term:

$$\min \frac{1}{2} \parallel w \parallel^2 + \frac{1}{2}\gamma_z \sum_{i=1}^{n} \varepsilon_i^2 \tag{6.2}$$

$$\textbf{s.t.} \quad y_i = w^{\mathrm{T}}\phi(x_i) + b + \varepsilon_i, \quad (i = 1, 2, \ldots, n), \tag{6.3}$$

wo γ_z der Margenparameter ist und ε_i der Fehlerterm für jedes x_i ist, und unter Verwendung von Lagrange-Multiplikatoren haben wir

$$L(w, b, \varepsilon, \alpha) = \frac{1}{2} \parallel w \parallel^2 + \frac{1}{2}\gamma_z \sum_{i=1}^{n} \varepsilon_i^2 - \sum_{i=1}^{n} \alpha_i (w^T\phi(x_i) + b + \varepsilon - y_i). \tag{6.4}$$

Die Karush-Kuhn-Tucker (KKT)-Bedingungen für diese Formulierung werden durch partielle Differenzierung bezüglich $w, b, \varepsilon, \alpha$ gegeben als

$$\begin{cases} \dfrac{\partial L}{\partial w} = 0 \Rightarrow w = \sum_{i=1}^{n} \alpha_i \phi(x_i) \\ \dfrac{\partial L}{\partial b} = 0 \Rightarrow \sum_{i=1}^{n} \alpha_i = 0 \\ \dfrac{\partial L}{\partial \varepsilon} = 0 \Rightarrow \gamma_z \varepsilon_i = \alpha_i \\ \dfrac{\partial L}{\partial \alpha} = 0 \Rightarrow w^T \phi(x_i) + b + \varepsilon - y_i = 0 \end{cases}$$

$$\begin{bmatrix} k(x, x^T) + \gamma_z^{-1} I & e \\ e^T & 0 \end{bmatrix} \begin{bmatrix} \alpha \\ b \end{bmatrix} = \begin{bmatrix} y \\ 0 \end{bmatrix}, \tag{6.5}$$

$$f_{LS-SVR}(x) = \sum_{i=1}^{n} \alpha_i k(x, x_i) + b, \tag{6.6}$$

wo I die Einheitsmatrix der entsprechenden Dimension ist und $k(x, x_i)$ die Kernel-Funktion ist. Der Parameter α, der ein Lagrange-Multiplikator ist, ist halb so groß wie der in konventionellen ε-SVR-Regressionsproblemen. Diese kleinere Matrixgröße erhöht die Rechenzeit erheblich. Der Parameter w weist im Wesentlichen jedem Trainingsbeispiel ein quantitatives Gewicht zu, während der Bias-Term b eher ein Korrekturterm ist. Der Term ε ist ein Toleranzfehler, der während der Trainingsphase auf Stützvektoren angewendet werden kann. Fehler, die größer als ε sind, werden mit einem Term C bestraft. Der Regressor, der durch (6.6) gegeben ist, bietet eine Lösung für das Optimierungsproblem von kleinerer Größe als der ε-SVR-Regressor und ist daher rechnerisch schneller. Diese Technik wird verwendet, um die Windgeschwindigkeit unter drei verschiedenen Bedingungen vorherzusagen, und die jeweilige Windkraft wird berechnet. Wenn die tatsächliche Windkraft die vorhergesagte übersteigt, wird die überschüssige Energie verwendet, um BESS aufzuladen, anderenfalls erfolgt die Entladung.

Liu et al. untersuchten die Parameteroptimierungsmethoden in Verbindung mit LSSVR zur Vorhersage des gelösten Sauerstoffgehalts in Transformatoröl bei beginnenden Fehlern [30]. Die Daten für gelöste Gase werden von mehreren Energieunternehmen gesammelt, und der imperialistische Wettbewerb-Algorithmus (ICA) wird verwendet, um optimale Hyperparameter für LSSVR zu finden. Die Methode wird mit mehreren anderen Methoden wie dem Backpropagation-Neuronalen Netzwerk, dem Generalisierten Regressions-Neuronalen Netzwerk und dem Radialen Basisfunktions-Neuronalen Netzwerk verglichen. Die Ergebnisse zeigen, dass die ICA-LSSVR-basierte Vorhersage bessere Ergebnisse in Bezug auf MAPE und R^2 liefert.

Im Hinblick auf die Flussvorhersage führten Adnan et al. eine hybride Vorhersagemethode durch, basierend auf LSSVR und dem Gravitationssuchalgorithmus (HLSGA), bei der zwei Einzugsgebiete im oberen Indusbecken Pakistans ausgewählt wurden [3]. Die mittleren Jahresdaten für 32 Jahre wurden ausgewählt, um die hybride Methode zu untersuchen. Um die Methode zu validieren, werden n Datensätze in $n-1$ Sätze für das Training aufgeteilt, darüber hinaus verschiedene Eingangskombinationen, basierend auf den Autokorrelationswerten der Flussdaten. Die Ergebnisse zeigen, dass die HLSGA-Methode das Modell 5 Regressionsbaum (M5RT) und die multiple lineare Regression (MLR) in Bezug auf RMSE und MAE übertrifft. Weiterhin wird der Effekt der Log-Transformation auf die Flusszeitreihe analysiert, und die Vorhersageergebnisse von Log-HLSGA werden mit HLSGA verglichen. Die Log-Transformation reduziert die Schräglage in den Zeitreihendaten und liefert bessere Vorhersagen für alle Methoden im Vergleich zu den ursprünglichen Methoden.

6.2.2 SoC-Schätzung auf der Basis des Energiespeichermodells

Die SoC-Schätzung für die Batterie wird unter Verwendung des Standard-Kalman-Filters, des erweiterten Kalman-Filters [32], der geruchfreien Kalman-Filtertechnik [4], basierend auf dem Batteriemodell, durchgeführt. Das Energiespeichermodell (ERM) basiert auf den Lade- und Entladeleistungen des BESS. Der SoC wird dann in Abhängigkeit von der aktuell verfügbaren Energie in der Batterie in kWh geschätzt und wird als

$$x_{SoC}(t) = x_{SoC}(t_0) - \frac{\Delta t/3600}{Q_{batt}} \sum_{i=1}^{T} (p_{dis}(i) + \eta_b p_{ch}(i) + p_s), \tag{6.7}$$

ausgedrückt, wobei $x_{SoC}(t)$, $x_{SoC}(t_0)$ die geschätzten SoC zum Zeitpunkt t und der anfängliche SoC sind, p_{dis}, p_{ch}, η_b und p_s die Entladeleistung, Ladeleistung, Effizienz und der Selbstentladungsskalenfaktor sind. Lade- und Entladeleistungen werden auf der Basis der Gleichungen

$$p_{batt} = \begin{cases} p_{ch} = P_{wind} - \hat{P}_{wind} > 0 \\ p_{dis} = \hat{P}_{wind} - P_{wind} > 0, \end{cases} \tag{6.8}$$

berechnet, wobei P_{wind} und $\hat{P}_{wind}$ die tatsächlichen und prognostizierten Windleistungen sind. Das ERM ist rechnerisch reichhaltig und befasst sich mit linearen Gleichungen, die einfacher zu implementieren sind. In Matrixform kann das ERM als

$$H = \frac{-1/3600}{Q_{batt}} \begin{bmatrix} 1 \\ \eta_b \\ p_s \end{bmatrix}, \tag{6.9}$$

$$P_p = \begin{bmatrix} \Delta t p_{dis}(1) & \Delta t p_{ch}(1) & \Delta t \\ \Delta t(p_{dis}(1) + p_{dis}(2)) & \Delta t(p_{ch}(1) + p_{ch}(2)) & 2\Delta t \\ \vdots & \vdots & \vdots \\ \Delta t \sum_{i=1}^{T} p_{dis}(i) & \Delta t \sum_{i=1}^{T} p_{ch}(i) & n\Delta t \end{bmatrix},$$

ausgedrückt werden, wobei Δt der Zeithorizont (in Sekunden) für die nächste SoC-Schätzung ist und die ersten beiden Spalten der P_p-Matrix die kumulative Summe der Entlade- und Ladeleistung in kWh darstellen. In der vorliegenden Studie wird das ERM basierend auf der aus dem Fehler der Windkraftprognose berechneten Lade- und Entladeleistung verwendet. Der SoC kann als

$$x_{SoC} = P_p H + x_{SoC}(t_0), \tag{6.10}$$

geschätzt werden, wobei $x_{SoC}(t_0)$ der zufällig generierte anfängliche SoC ist, der mit dem Zufallsgenerator MATLAB berechnet wurde. Das ERM-Modell zur SoC-Schätzung unterliegt Einschränkungen ($x_{SoC}^{min} < x_{SoC} < x_{SoC}^{max}$) und bei Verletzung dieser Einschränkungen kann die überschüssige Leistung an benachbarte Windparks abgegeben werden.

Das Flussdiagramm für ERM zur SoC-Schätzung ist in Abb. 6.2 dargestellt.

Darüber hinaus darf das BESS entladen werden, falls die prognostizierte Windleistung $\hat{P}_{wind}$ überschreitet P_{wind}, um das Defizit an Leistung auszugleichen. Sollte jedoch die Höhe der Entladeleistung die SoC-Grenzen verletzen, entscheidet der Betreiber des Windparks, eine Strafe zu zahlen oder die fehlende Leistung durch eine Leihe von benachbarten Windparks zu kompensieren. Im aktuellen Szenario mit zwei Windturbinen besteht das Ziel darin, genaue Windvorhersagen zu erhalten, um die Belastung des BESS

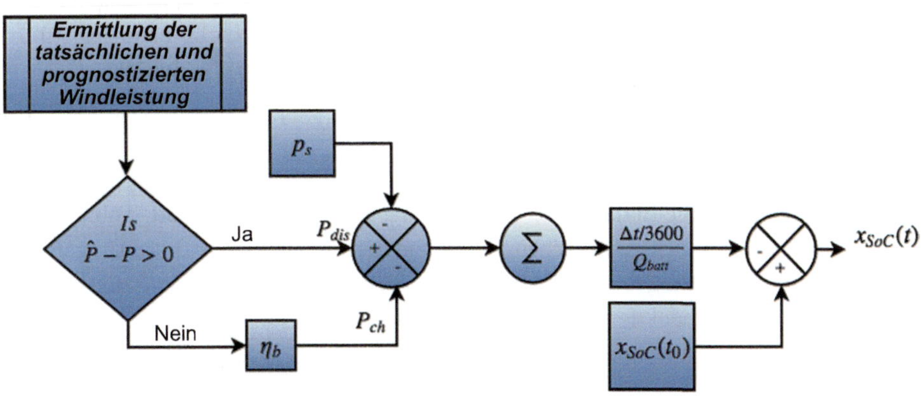

Abb. 6.2 Flussdiagramm für SoC-Vorhersage, basierend auf Lade-/Entladeleistungen

zu minimieren. Basierend auf dem aus (6.10) berechneten SoC wird die Entladetiefe ($x_{DoD} = 100 - x_{SoC}$) für das Lade-/Entladeereignis des BESS bestimmt.

6.2.3 Betriebskostenmodell für BESS

Das Laden und Entladen von Batterien entsprechend dem Prognosefehler verursacht Betriebskosten. Für eine Lithium-Ionen-Batterie wird in [15] eine lineare Beziehung zwischen der Anzahl der Lebenszyklen (N_{cyc}) und dem Logarithmus der Entladetiefe (x_{DoD}) ermittelt und wie folgt angegeben:

$$N_{cyc} = m \times \log(x_{DoD}) + c, \tag{6.11}$$

wobei m und c die Steigung und der Achsenabschnitt der linearen Gleichung (6.11) sind, mit $m = -1808$ und $c = 8644.5$.

Die Kosten für BESS für jedes Lade-/Entladeereignis können berechnet werden, wenn der Zustand der Batterie bekannt ist. Farzin et al. haben ein Modell für BESS diskutiert, das die Betriebskosten von BESS in Abhängigkeit von der verbleibenden Anzahl der Lebenszyklen der verwendeten Batterie bestimmt [16] und wie folgt angegeben:

$$C_{batt} = B_{batt} \sum_{i=1}^{N-1} \left[\frac{1}{N_{cyc}(i+1)} - \frac{1}{N_{cyc}(i)} \right], \tag{6.12}$$

wobei N_{cyc} die Lebenszyklusanzahl am Ende des i-ten Lade-/Entladeereignisses ist und B_{batt} die Kapitalkosten des BESS sind.

Das Altern von Batterien ist ein komplexer Prozess und hängt nicht nur von der Entladetiefe ab, sondern auch von der Umgebungstemperatur, die das Altern beschleunigt [27]. Ein mathematisches Modell, das die Beziehung zwischen der Anzahl der Lebenszyklen, der Entladetiefe und der Umgebungstemperatur beschreibt, wird wie folgt angegeben:

$$N_{cyc} = \begin{cases} \left(12850e^{-(9.738 * x_{DoD})} + 3210e^{-(1.429 * x_{DoD})}\right), & T_{amb} \leq 20\,^{\circ}C \\ \left(12850e^{-(9.738 * x_{DoD})} + 3210e^{-(1.429 * x_{DoD})}\right) & \\ \left(37.68 T_{amb}^{-1.101} - 0.3897\right), & T_{amb}> 20^{\circ}C, \end{cases}$$

wobei x_{DoD} und T_{amb} die Entladetiefe und die Umgebungstemperatur sind. Abb. 6.3 zeigt die Anzahl der BESS-Zyklen in Abhängigkeit von der Entladetiefe und der Umgebungstemperatur. Bei einer Umgebungstemperatur von mehr als 20 °C wird die Batterielebensdauer in Form einer Reduktion der Zyklusanzahl beeinträchtigt.

6.2.4 Wake-Management für Windparks

Die Reduktion der Windgeschwindigkeit durch vorgelagerte Turbinen führt zu einer geringeren Energiegewinnung bei den nachgelagerten Turbinen. Ein Ansatz zur

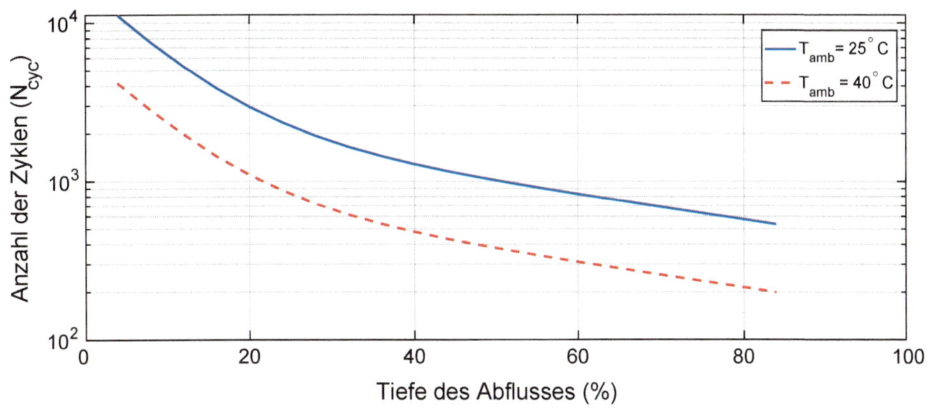

Abb. 6.3 Anzahl der BESS-Zyklen in Abhängigkeit von x_{DoD} und der Umgebungstemperatur

Wake-Umlenkung, bei dem der Gierwinkel der vorgelagerten Turbine variiert wird, um den Wake-Strom von dem nachgelagerten Rotor abzulenken, verbessert das Windgeschwindigkeitsprofil [12].

Das verbesserte Geschwindigkeitsprofil verbessert dann weiter die Energiegewinnung bei der nachgelagerten Turbine. Die Windgeschwindigkeit, unter Wake-Bedingungen berechnet, und zwar auf der Basis des Jensen-Wake-Modells, ist

$$v_j = v_0\left(1 + \left(\sqrt{1 - C_T} - 1\right)\left(\frac{r_0}{r_x}\right)^2\right), \; r_x = r_0 + \alpha_y x, \tag{6.13}$$

wobei v_j und v_0 die Windgeschwindigkeit unter Wake-Wirkung und die freie Windgeschwindigkeit sind [24]. Der Faktor α_y gibt eine Vorstellung davon, wie schnell sich der Wake-Strom hinter dem Rotor ausbreitet. Der Wake-Strom wird um einen Winkel ϕ abgelenkt, wie in Abb. 5.5 für eine gegebene Gierwinkelabweichung γ und Windrichtung θ gegeben als

$$\phi = (0.6a + 1)\gamma + \theta, \tag{6.14}$$

wobei a der axiale Induktionsfaktor ist und θ die Windgeschwindigkeitsrichtung ist, die in diesem Fall 0° ist [11].

Ähnlich kann, indem das Wake-Management durch Variation des Gierwinkels (von 0° bis γ°) angewendet wird, die Windgeschwindigkeit v_j^γ bei der nachgelagerten Turbine wie folgt angegeben werden

$$v_j^\gamma = \begin{cases} v_0\left[1 - 2a\left(\frac{1}{YY}\right)^2 \times \cos^2(4.5\phi)\right], & \phi \leq \phi_{th} \\ v_0, \; \phi > \phi_{th}, \end{cases} \tag{6.15}$$

wobei $YY = 1 + 2\alpha_y Z \cos\phi$, $Z = \frac{x}{D_0}$ der Turbinenabstandsfaktor und ϕ_{th} der Schwellenwert-Wachwinkel ist (hier $\phi_{th} = 20°$).

6.3 Numerische Simulation für die vorgeschlagene Methodik

In der vorliegenden Studie wird ein Windpark mit zwei Turbinen (adj)s betrachtet, wobei WT_1 die Luvturbine und WT_2 die Leeturbine ist, wie in Abb. 5.5 dargestellt. Die Windgeschwindigkeit (v_0) wird für alle in Tab. 6.1 genannten Windparkstandorte erfasst. Die Daten werden alle 10 Minuten für alle Datensätze gesammelt, die als **X1** (Bishop & Clerks, Massachusetts), **X2** (Blandford, Massachusetts), **X3** (Paxton, Massachusetts) und **X4** (Middelgrunden, Dänemark) in Nabenhöhen von 15 m, 60 m, 78 m und 10 m jeweils gekennzeichnet sind.

Die Windgeschwindigkeit für WT_2 wird unter Berücksichtigung des Wake-Effekts unter Verwendung von (6.13) und (6.15) berechnet. Der Abstand stromabwärts zwischen WT_1 und WT_2 beträgt $5D_0$. Tab. 6.2 hebt die verwendeten Turbinen- und BESS-Parameter hervor.

Da der Schubkoeffizient der Windturbine abhängig von der Geschwindigkeit variiert, finden wir in der Nachlauf- bzw. Sog-Aerodynamik mithilfe einer Nachschlagetabelle C_T die betrachteten Windgeschwindigkeitsdaten. Zu diesem Zweck wird das Windturbinemodell GE2.5-120 ausgewählt und die Kurve wie in Abb. 6.4 zwischen C_T und Windgeschwindigkeit importiert [1].

Die Windvorhersage wird unter Verwendung der kleinsten quadratischen Unterstützung der Vektorregression für die Fälle I, II und III durchgeführt. Die Windgeschwindigkeitsdaten werden in Trainings- (800) und Testdatensätze (200) unterteilt. Abb. 6.6 zeigt das Windgeschwindigkeitsszenario unter Freiströmungs-, Wake- und

Tab. 6.1 Beschreibung der Winddatensätze

Datensatz	Standortkoordinaten	Dauer der Daten
Bishop and Clerks	41.574° N, 70.249° E	1. Jan. 2011–7. Jan. 2011
Blandford	42.223° N, 72.968° E	1. Jan. 2011–7. Jan. 2011
Paxton	42.303° N, 71.897° E	1. Jan. 2011–7. Jan. 2011
Middelgrunden	55.691° N, 12.670° E	1. Feb. 2019–7. Feb. 2019

Tab. 6.2 Windturbinen- und BESS-Parameter

Parameter	Wert
Rotordurchmesser (D_0)	120 m
x_{SoC}^{max}	90 %
x_{SoC}^{min}	10 %
$x_{SoC}(t_0)$	81,47 %
Ladeeffizienz (η_b)	91,86 %
Selbstentladungsfaktor (kW)	1,545
Batteriekapitalkosten (B_{batt})	250 $ /kWh

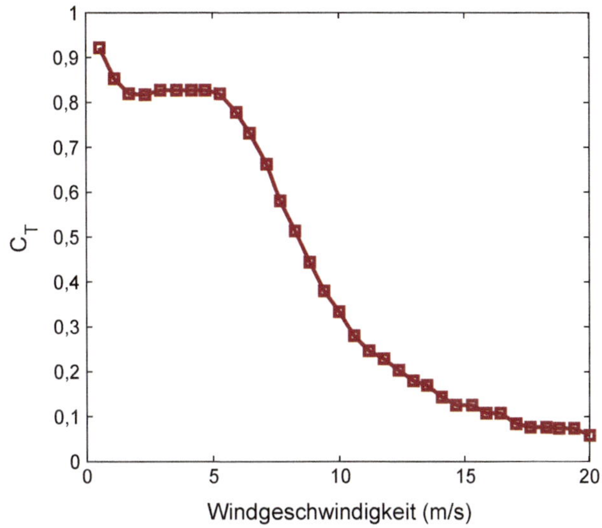

Abb. 6.4 Variation des Schubkoeffizienten (C_T) mit der freien Windgeschwindigkeit

Gier-Bedingungen ($\gamma = 5°$), dargestellt durch Symbole v_0, v_j und v_j^γ. Weiterhin werden die Lade- und Entladeleistungen für BESS aus (6.8) berechnet und der SoC, basierend auf (6.10), bestimmt. Der Lebenszyklus und die Betriebskosten des BESS ($/kWh) werden für drei Fälle (wie in Abb. 6.5 gezeigt) mit festem Rotordurchmesser und Gierwinkel ($\gamma = 5°$) im Fall einer Aufwindturbine bestimmt:

- Fall I (ohne Wake-Effekt für ein Windpark-Layout mit zwei Turbinen): Die Lade- und Entladeleistungen des BESS werden auf der Basis der Vorhersagefehler berechnet.
- Fall II (unter Berücksichtigung des Wake-Effekts von WT_1 auf WT_2 unter der Annahme, dass die Windturbinen in einer stabilen atmosphärischen Grenzschicht betrieben werden): Die Windleistung für WT_2 wird unter Berücksichtigung des Wake-Effekts vorhergesagt.
- Fall III: Berücksichtigung der Wachmanagementstrategie mit Variation des Gierwinkels von WT_1.

Tab. 6.3 hebt die Betriebskosten (B_{batt}) für verschiedene BESS-Batteriebewertungen hervor. Ein fester Gierwinkel von 5° für WT_1 ergibt eine Einsparung von 11,22 % bei den Betriebskosten des BESS für eine Batteriebewertung von 300 kWh für den Datensatz X1. Weiterhin beobachten wir, dass die Betriebskosten mit der BESS-Bewertung für alle Fälle steigen.

Eine BESS-Bewertung von 1000 kWh führt zu minimalen Betriebskosten, ist jedoch Größenbeschränkungen unterworfen. Eine optimale BESS-Bewertung wird für den Betrieb von Windparks bevorzugt. Die Betriebskosten werden für verschiedene Gierwinkel ermittelt und sind für $\gamma = 15°$ minimal, was auf eine optimale Gierwinkeleinstellung

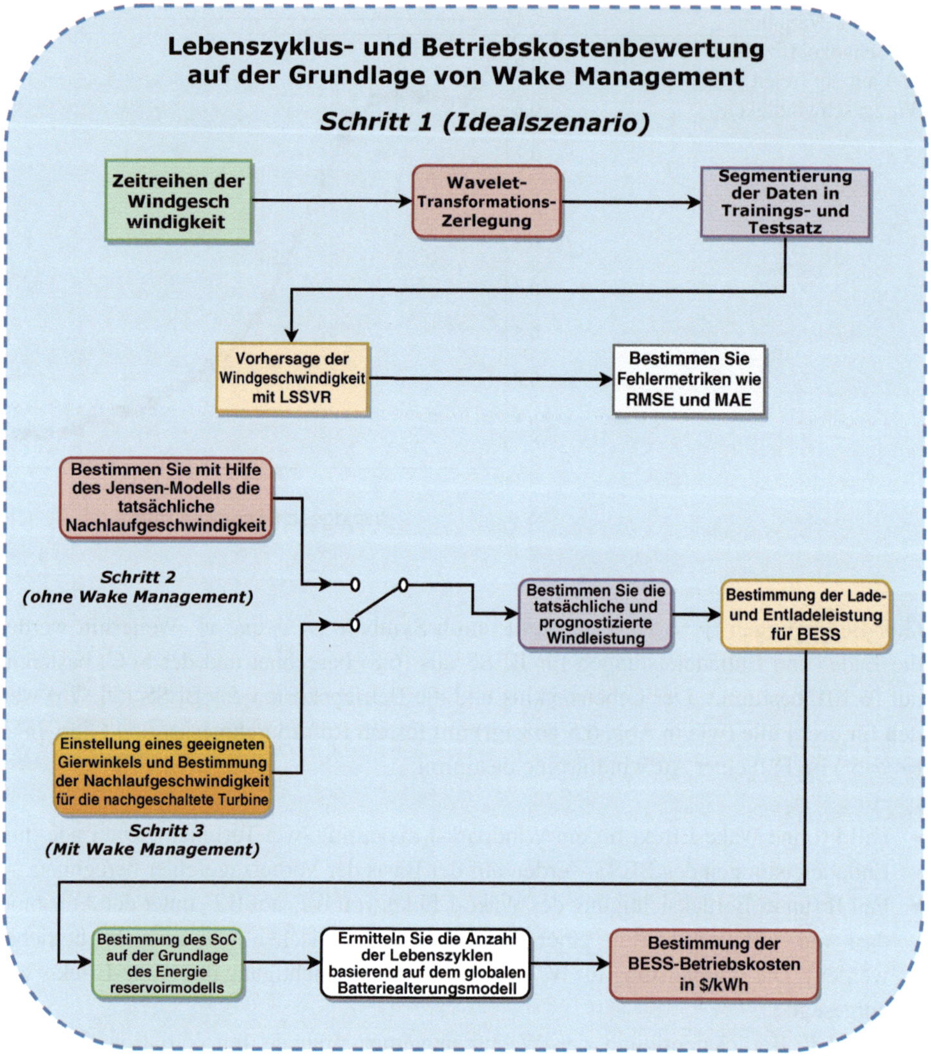

Abb. 6.5 Flussdiagramm für die vorgeschlagene Methodik

für die Aufwindturbine hinweist, wie in Abb. 6.7 gezeigt. Weiterhin erkennen wir in Abb. 6.8, dass die Lebenszyklusanzahl der BESS monoton mit der Entladetiefe für alle Datensätze variiert.

Die Lebenszyklusanzahl beginnt am gleichen Ausgangspunkt, da der anfängliche SoC für alle Fälle gleich ist. Fall I ist jedoch ein ideales Szenario, das aufgrund der Platzbeschränkungen praktisch nicht für einen Windpark existiert. Die Lebenszyklusanzahl wird unter Verwendung von (6.11) für alle drei Fälle mit $Q_{batt} = 500$ kWh bewertet, und

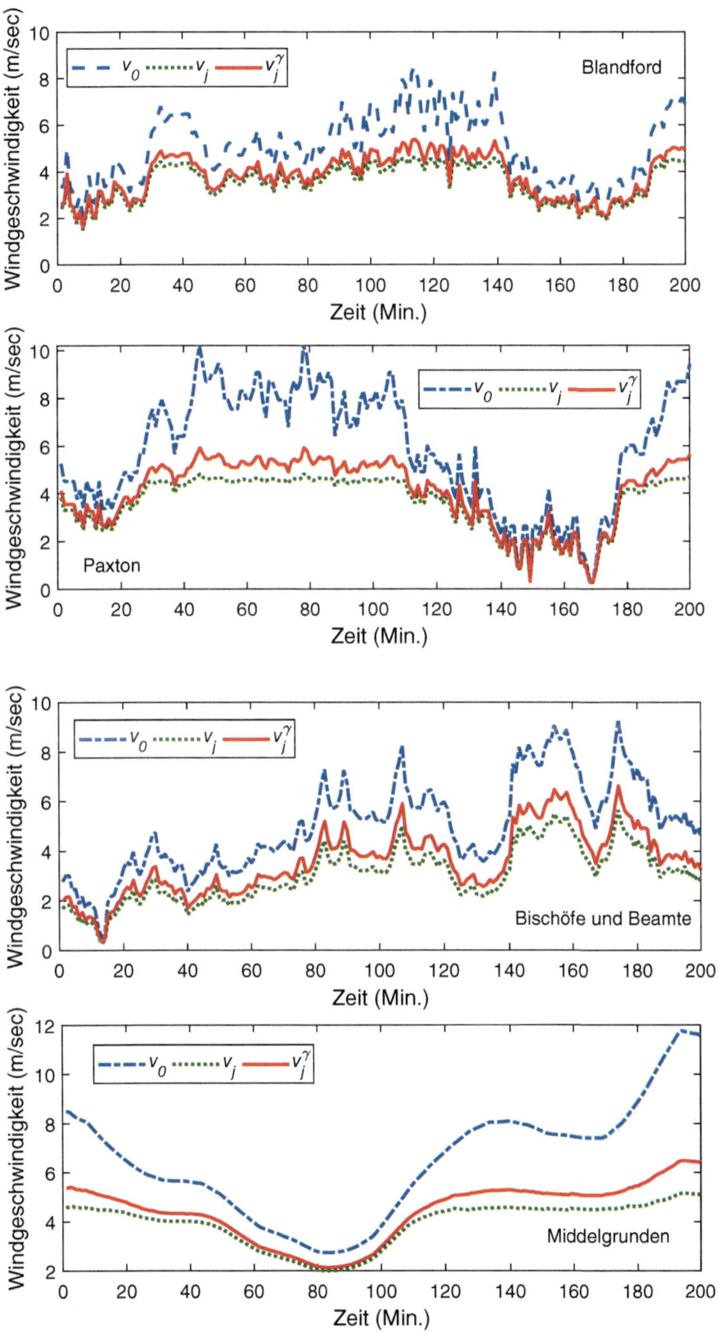

Abb. 6.6 Windgeschwindigkeit unter verschiedenen Wake-Szenarien

Tab. 6.3 Betriebskosten (OC) für verschiedene Datensätze für $\gamma = 5°$

Datensatz	Bewertung (kWh)	Fall I	Fall II	Fall III	% Einsparung in OC	% Einsparung in Lebenszyklen
X1	300	0,0217	0,0603	0,0536	11,22	12,63
	400	0,0316	0,0666	0,0617	7,35	7,93
	500	0,0417	0,0704	0,0665	5,53	5,86
	750	0,0576	0,0754	0,0728	3,46	3,58
	1000	0,0646	0,0779	0,0760	2,53	2,59
X2	300	0,0558	0,0570	0,0525	7,91	8,59
	400	0,0598	0,0614	0,0581	5,31	5,61
	500	0,0603	0,0640	0,0614	4,02	4,19
	750	0,0612	0,0674	0,0657	2,52	2,59
	1000	0,0621	0,0691	0,0678	1,84	1,85
X3	300	0,0217	0,0527	0,0466	11,51	13,01
	400	0,0210	0,05893	0,0541	7,22	7,78
	500	0,0352	0,0615	0,0582	5,34	5,64
	750	0,0506	0,0658	0,0636	3,27	3,38
	1000	0,0568	0,0679	0,0663	2,37	2,42
X4	300	0,0102	0,0437	0,0219	10,56	12,63
	400	0,0121	0,0501	0,0421	6,73	8,52
	500	0,0135	0,0567	0,0438	6,12	7,11
	750	0,0187	0,0627	0,0548	4,18	6,92
	1000	0,0212	0,0656	0,0598	2,54	3,35

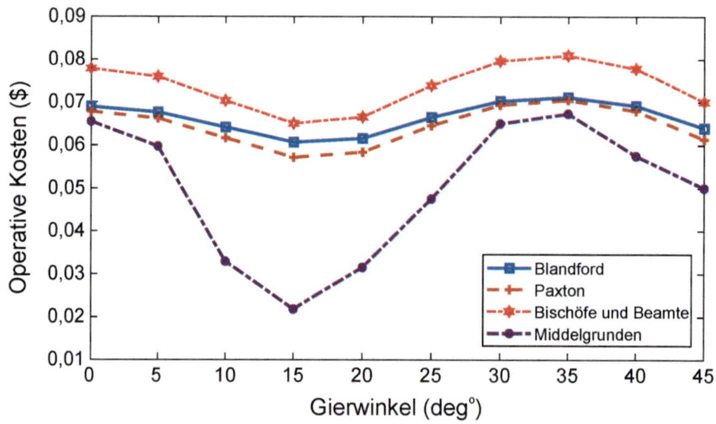

Abb. 6.7 Betriebskosten für verschiedene Gierwinkel

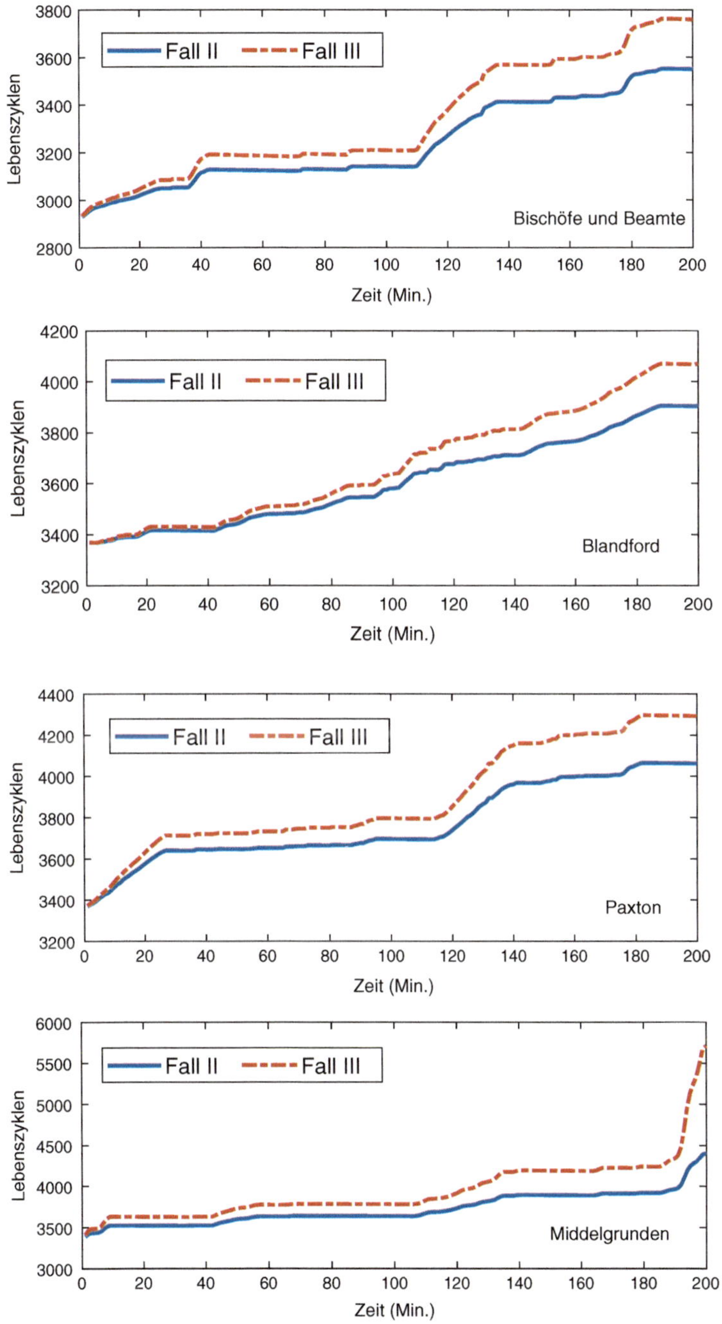

Abb. 6.8 BESS-Lebenszyklus ohne (Fall II) und mit (Fall III) Wake-Management

es wird festgestellt, dass eine Wake-Management-Technik, bei der der Gierwinkel um 5° variiert wird, die Lebenszyklusanzahl der BESS um 5,86 %, 4,19 %, 5,64 % und 29,53 % für die Datensätze **X1**, **X2**, **X3** und **X4** erhöht.

6.3.1 Betriebskosten und Lebensdauerverlängerung für hügelige Windstandorte

Die Windgeschwindigkeitsverteilung und -variabilität ist in hügeligen Gebieten hoch. Die schnellen Änderungen in Geschwindigkeit und Richtung können zu großen Entladeereignissen führen. Um die Gültigkeit des vorgeschlagenen Schemas zu testen, werden zwei Winddatensätze aus hügeligen Gebieten herangezogen und die Betriebskosten der BESS sowie die Lebenszyklusverbesserung untersucht. Die Windgeschwindigkeitsdaten für die Challicum Hills, Australien, die als Datensatz **Z1** bezeichnet werden, und die Longyuan-Windfarm in Tibet, die als Datensatz **Z2** bezeichnet werden, werden für den Monat Mai 2019 mit einem Intervall von 10 Minuten gesammelt. Abb. 6.9 zeigt die Lebenszyklusanzahl ohne (Fall II) und mit Wake-Management (Fall III) für hügelige Standorte.

Aus Tab. 6.4 können wir ersehen, dass für hügelige Windstandorte die Methode zur Schätzung der Betriebskosten und zur Bestimmung der Lebenszyklusanzahl des BESS

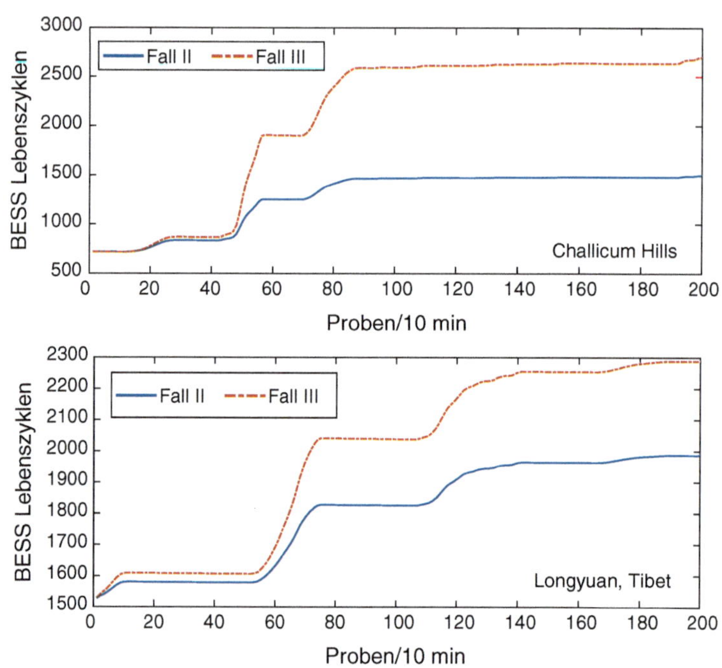

Abb. 6.9 Lebenszyklusanzahl ohne (Fall II) und mit Wake-Management (Fall III) für hügelige Windstandorte

Tab. 6.4 Betriebskosten (OC) für hügelige Winddatensätze für $\gamma = 5°$

Datensatz	BESS-Bewertung (kWh)	Fall II	Fall III	% Einsparung bei OC	% Einsparung bei Lebenszyklen
Z1	500	0,1662	0,0925	44,37	79,74
	750	0,2077	0,1403	32,46	48,05
	1000	0,2335	0,1720	26,33	35,74
Z2	500	0,1217	0,1092	13,17	15,16
	750	0,1375	0,1253	8,87	9,73
	1000	0,1438	0,1341	6,72	7,20

validiert ist. Für eine BESS-Bewertung von 500 kWh beträgt die prozentuale Einsparung bei den Betriebskosten 44,37 %, während die prozentuale Einsparung bei den Lebenszyklen 79,74 % beträgt.

6.3.2 Betriebskosten, basierend auf dem globalen Batteriealterungsmodell

Da die aktuellen Daten für BESS experimentell verfügbar sind, indem man den Spannungspegel der Windparks im Voraus kennt, haben wir das globale Batteriealterungsmodell für die Lebenszyklus- und Betriebskostenbewertung integriert. Zur Validierung der vorgeschlagenen Methode werden die Lebenszyklusanalyse sowie die Betriebskosten von BESS, basierend auf dem globalen Batteriealterungsmodell für zwei verschiedene Winddatensätze, die als **Z1** und **Z2** bezeichnet werden, bestimmt. Abgesehen von den Windgeschwindigkeitsdaten werden die Temperaturdaten für die beiden Windparkstandorte gesammelt. Die in °K verfügbaren Daten werden in °C umgewandelt. Die Abb. 6.10 und 6.11 veranschaulichen den Lebenszyklus für die Fälle II und III, wie im vorherigen Abschnitt erläutert.

Die prozentuale Einsparung bei den Betriebskosten für den Datensatz **Z1** beträgt 7,274 % für eine BESS-Bewertung von 500 kWh und 3,161 % für eine Bewertung von 1000 kWh. Ebenso beträgt die prozentuale Einsparung bei den Betriebskosten für den Datensatz **Z2** 19,13 % für eine BESS-Bewertung von 500 kWh, während sie für 1000 kWh 7,84 % beträgt.

6.4 Diskussion

Basierend auf der vorgeschlagenen Methodik zur Lebensdauerverlängerung von BESS und Minimierung der Betriebskosten diskutieren wir hauptsächlich zwei Hauptfälle, wie im vorherigen Abschnitt beschrieben. Fall II, der den Betrieb der nachgelagerten Turbine

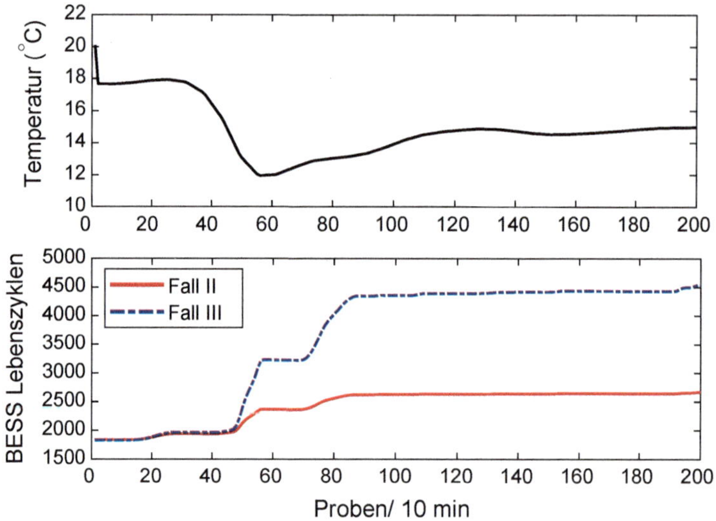

Abb. 6.10 BESS-Lebenszyklusanzahl, basierend auf dem globalen Batteriealterungsmodell für den Datensatz **Z1**

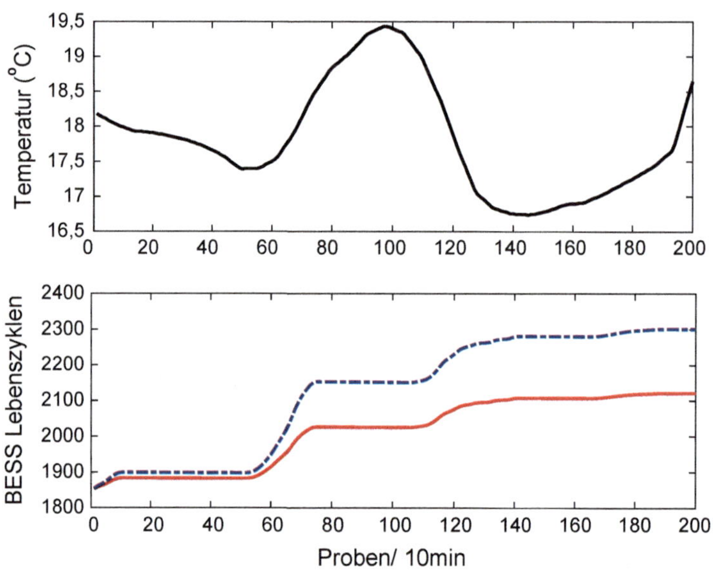

Abb. 6.11 BESS-Lebenszyklusanzahl, basierend auf dem globalen Batteriealterungsmodell für den Datensatz **Z2**

ohne Gierwinkel-Fehlausrichtung umfasst, führt zu höheren Betriebskosten als Fall III. Es ist auch erwähnenswert, dass die Betriebskosten von BESS mit zunehmender Kapazität aufgrund höherer Investitionskosten steigen. Darüber hinaus nimmt die prozentuale

Tab. 6.5 Operational cost (OC) based on Global battery aging model for $\gamma = 5°$

Dataset	BESS rating (kWh)	Case II	Case III	% saving in OC	% saving in life cycles
Z1	500	0,1361	0,1262	7,274	15,69
	750	0,1626	0,1561	3,997	10,62
	1000	0,1961	0,1899	3,161	5,31
Z2	500	0,0999	0,0808	19,13	23,65
	750	0,1119	0,0994	11,16	12,57
	1000	0,1179	0,1086	7,84	8,51

Einsparung an Lebenszyklen ab, wenn wir die BESS-Bewertung erhöhen, wie in den Tab. 6.3, 6.4 und 6.5 dargestellt. Es wurde auch festgestellt, dass die vorgeschlagene Methodik unter Berücksichtigung der Umgebungstemperatur eine gute Übereinstimmung für Einsparungen bei den Betriebskosten und Lebenszyklen aufweist. Die aktuelle Methodik erfordert die Verfügbarkeit tatsächlicher und prognostizierter Windleistungen, die im Wesentlichen die Lade- und Entladepläne von BESS bestimmen. Daher hängt die SoC-Schätzung weitgehend von der Genauigkeit der verwendeten Prognosemethode ab. Mehrere andere Methoden wie KF, EKF und UKF erfordern die physikalischen und elektrischen Parameter des Batteriemodells, um den SoC zu bestimmen. In der vorgeschlagenen Methodik werden nur tatsächliche und prognostizierte Windleistungspläne benötigt.

Die vorliegende Studie befasst sich mit der Optimierung von BESS in Bezug auf Betriebskosten und Lebenszyklusanzahl. Die Genauigkeit der Windkraftprognose wird als Maß für das Laden und Entladen des BESS betrachtet. Ein Energiespeichermodell wird verwendet, um den SoC während des Lade-/Entladevorgangs zu schätzen, und auf dieser Basis wird die Entladungstiefe zur Berechnung der Lebenszyklusanzahl bestimmt. Ein Windpark mit zwei Turbinen und einem Gierwinkel für die Aufwindturbine $\gamma = 15°$ führt zu minimalen Betriebskosten des BESS für eine Wake-Management-Strategie und zu einer optimalen Nutzung des BESS in Bezug auf die Lebenszyklusanzahl. Darüber hinaus wird zur Analyse der Auswirkung der Umgebungstemperatur auf die BESS-Leistung ein globales Batteriealterungsmodell berücksichtigt und die Lebenszyklusanalyse zusammen mit den Betriebskosten bestimmt. Die Ergebnisse zeigen eine signifikante Verbesserung der BESS-Leistung, wenn die vorgelagerte Turbine im Gier-Modus betrieben wird.

Literatur

1. General electric ge 2.5 – 120 – 2,50 mw – wind turbine. https://en.wind-turbine-models.com. Accessed 12 April 2019
2. Abdeltawab HH, Mohamed YARI (2015) Market-oriented energy management of a hybrid wind-battery energy storage system via model predictive control with constraint optimizer. IEEE Trans Ind Electron 62(11):6658–6670

3. Adnan RM, Yuan X, Kisi O, Anam R (2017) Improving accuracy of river flow forecasting using LSSVR with gravitational search algorithm. Adv Meteorol 2017:1–23
4. Andre D, Appel C, Soczka-Guth T, Sauer DU (2013) Advanced mathematical methods of SOC and SOH estimation for lithium-ion batteries. J Power Sourc 224:20–27
5. Barthelmie RJ, Hansen K, Frandsen ST, Rathmann O, Schepers JG, Schlez W, Phillips J, Rados K, Zervos A, Politis ES, Chaviaropoulos PK (2009) Modelling and measuring flow and wind turbine wakes in large wind farms offshore. Wind Energy 12(5):431–444
6. Catalao JPS, Pousinho HMI, Mendes VMF (2010) Hybrid wavelet-PSO-ANFIS approach for short-term wind power forecasting in Portugal. IEEE Trans Sustain Energy
7. Chen C, Xiong R, Yang R, Shen W, Sun F (2019a) State-of-charge estimation of lithium-ion battery using an improved neural network model and extended kalman filter. J Clean Prod 234:1153–1164
8. Chen Z, Yang L, Zhao X, Wang Y, He Z (2019b) Online state of charge estimation of li-ion battery based on an improved unscented kalman filter approach. Appl Math Model 70:532–544
9. Claude F, Becherif M, Ramadan H (2017) Experimental validation for li-ion battery modeling using extended kalman filters. Int J Hydrog Energy 42(40):25509–25517
10. Crespo A, Hernández J, Frandsen S (1999) Survey of modelling methods for wind turbine wakes and wind farms. Wind Energy 2(1):1–24
11. Dar Z, Kar K, Sahni O, Chow JH (2017) Windfarm power optimization using yaw angle control. IEEE Trans Sustain Energy 8(1):104–116
12. Dhiman H, Deb D, Muresan V, Balas V (2019a) Wake management in wind farms: an adaptive control approach. Energies 12(7):1247
13. Dhiman H, Deb D, Guerrero JM (2019b) Hybrid machine intelligent SVR variants for wind forecasting and ramp events. Renew Sustain Energy Rev 108:369–379
14. Du P, Wang J, Yang W, Niu T (2019) A novel hybrid model for short-term wind power forecasting. Appl Soft Comput 80:93–106
15. EPRI (2010) Electric energy storage technology options. Technical report, Electric Power Research Institute, Palo Alto, California. https://www.epri.com/pages/product/1022261
16. Farzin H, Fotuhi-Firuzabad M, Moeini-Aghtaie M (2016) A practical scheme to involve degradation cost of lithium-ion batteries in vehicle-to-grid applications. IEEE Trans Sustain Energy 7(4):1730–1738
17. Fleming PA, Gebraad PM, Lee S, van Wingerden JW, Johnson K, Churchfield M, Michalakes J, Spalart P, Moriarty P (2014) Evaluating techniques for redirecting turbine wakes using SOWFA. Renew Energy 70:211–218
18. Gebraad P, Fleming P, van Wingerden J (2015) Wind turbine wake estimation and control using FLORIDyn, a control-oriented dynamic wind plant model. In: 2015 American control conference (ACC). IEEE
19. Gebraad PMO, Teeuwisse F, van Wingerden J, Fleming PA, Ruben SD, Marden JR, Pao LY (2014) A data-driven model for wind plant power optimization by yaw control. In: 2014 American control conference. IEEE
20. Grewal MS, Andrews AP (2014) Kalman filtering. Wiley Inc, New York
21. Hao Y, Tian C (2019) A novel two-stage forecasting model based on error factor and ensemble method for multi-step wind power forecasting. Appl Energy 238:368–383
22. Howland MF, Bossuyt J, Martínez-Tossas LA, Meyers J, Meneveau C (2016) Wake structure in actuator disk models of wind turbines in yaw under uniform inflow conditions. J Renew Sustain Energy 8(4):043301
23. Iungo GV (2016) Experimental characterization of wind turbine wakes: wind tunnel tests and wind LiDAR measurements. J Wind Eng Ind Aerodyn 149:35–39
24. Jensen N (1983) A note on wind generator interaction

25. Jin T, Tian Y, Zhang CW, Coit DW (2013) Multicriteria planning for distributed wind generation under strategic maintenance. IEEE Trans Power Deliv 28(1):357–367
26. Junping W, Quanshi C, Binggang C (2006) Support vector machine based battery model for electric vehicles. Energy Convers Manag 47(7–8):858–864
27. Layadi TM, Champenois G, Mostefai M, Abbes D (2015) Lifetime estimation tool of lead-acid batteries for hybrid power sources design. Simul Model Pract Theory 54:36–48
28. Liang C, Wang P, Han X, Qin W, Jia Y, Yuan T (2018) Battery energy storage selection based on a novel intermittent wind speed model for improving power system dynamic reliability. IEEE Trans Smart Grid 9(6):6084–6094
29. Liu H, Chen C, qi Tian H, fei Li Y, (2012) A hybrid model for wind speed prediction using empirical mode decomposition and artificial neural networks. Renew Energy 48:545–556
30. Liu J, Zheng H, Zhang Y, Li X, Fang J, Liu Y, Liao C, Li Y, Zhao J (2019) Dissolved gases forecasting based on wavelet least squares support vector regression and imperialist competition algorithm for assessing incipient faults of transformer polymer insulation. Polymers 11(1):85
31. Luo J, Peng J, He H (2019) Lithium-ion battery SOC estimation study based on cubature kalman filter. Energy Procedia 158:3421–3426
32. Mastali M, Vazquez-Arenas J, Fraser R, Fowler M, Afshar S, Stevens M (2013) Battery state of the charge estimation using kalman filtering. J Power Sourc 239:294–307
33. Porté-Agel F, Wu YT, Chen CH (2013) A numerical study of the effects of wind direction on turbine wakes and power losses in a large wind farm. Energies 6(10):5297–5313
34. Qiu Y, Li X, Chen W, min Duan Z, Yu L (2019) State of charge estimation of vanadium redox battery based on improved extended kalman filter. ISA Trans
35. Sethi JK, Deb D, Malakar M (2011) Modeling of a wind turbine farm in presence of wake interactions. In: 2011 International conference on energy, automation and signal. IEEE. https://doi.org/10.1109/iceas.2011.6147144
36. Sturm J, Ennifar H, Erhard S, Rheinfeld A, Kosch S, Jossen A (2018) State estimation of lithium-ion cells using a physicochemical model based extended kalman filter. Appl Energy 223:103–123
37. Suykens J, Vandewalle J (1999) Neural Process Lett 9(3):293–300
38. Wang J, Zhang W, Li Y, Wang J, Dang Z (2014) Forecasting wind speed using empirical mode decomposition and elman neural network. Appl Soft Comput 23:452–459
39. Wang J, Du P, Niu T, Yang W (2017) A novel hybrid system based on a new proposed algorithm-multi-objective whale optimization algorithm for wind speed forecasting. Appl Energy 208:344–360
40. Wang J, Yang W, Du P, Niu T (2018a) A novel hybrid forecasting system of wind speed based on a newly developed multi-objective sine cosine algorithm. Energy Convers Manag 163:134–150
41. Wang S, Zhang N, Wu L, Wang Y (2016) Wind speed forecasting based on the hybrid ensemble empirical mode decomposition and GA-BP neural network method. Renew Energy 94:629–636
42. Wang W, Wang X, Xiang C, Wei C, Zhao Y (2018b) Unscented kalman filter-based battery SOC estimation and peak power prediction method for power distribution of hybrid electric vehicles. IEEE Access 6:35957–35965
43. Xing Y, He W, Pecht M, Tsui KL (2014) State of charge estimation of lithium-ion batteries using the open-circuit voltage at various ambient temperatures. Appl Energy 113:106–115
44. Yu Z, Huai R, Xiao L (2015) State-of-charge estimation for lithium-ion batteries using a kalman filter based on local linearization. Energies 8(8):7854–7873
45. Zheng L, Zhu J, Wang G, Lu DDC, He T (2018) Differential voltage analysis based state of charge estimation methods for lithium-ion batteries using extended kalman filter and particle filter. Energy 158:1028–1037

Anhang

A.1 Barbalats Korollar

Korollar A.1 Angenommen, $f(t) \in C^1(a, \infty)$ und $\lim_{t \to \infty} f(t) = \alpha$, wobei $\alpha <; \infty$. Wenn $\ddot{f}$ gleichmäßig stetig ist, dann $\lim_{t \to \infty} \dot{f}(t) = 0$.

Beweis Wir werden dieses Ergebnis durch Widerspruch beweisen. Angenommen, $\lim_{t \to \infty} \dot{f}(t) \neq 0$. Der $\forall \varepsilon > 0$ und eine monotone Funktion $\{t_n\}$, sodass $t_n \to \infty$ als $n \to \infty$ und $|\dot{f}(t_n)| \geq \varepsilon$ für alle $n \in \mathbb{N}$. Da $\dot{f}(t)$ eine stetige Funktion ist, für solche ε, $\forall \delta > 0$, sodass $\forall n \in \mathbb{N}$

$$|t - t_n| <; \delta \Rightarrow \left|f'(t) - f'(t_n)\right| \leq \frac{\epsilon}{2}. \tag{A.1}$$

Daher, wenn $t \in \{t_n, t_n + \delta\}$ dann

$$\begin{aligned} |\dot{f}(t)| &= |\dot{f}(t_n) - (\dot{f}(t_n) - \dot{f}(t))| \\ &\geq |\dot{f}(t_n)| - |\dot{f}(t_n) - \dot{f}(t)| \\ &\geq \varepsilon - \frac{\varepsilon}{2} \\ &\geq \frac{\varepsilon}{2}. \end{aligned} \tag{A.2}$$

Wenn $f(t) \in C^1$, haben wir,

$$\begin{aligned} \left| \int_a^{t_n+\delta} \dot{f}(t)dt - \int_a^{t_n} \dot{f}(t)dt \right| &= \left| \int_{t_n}^{t_n+\delta} \dot{f}(t)dt \right| \\ &\geq \left|\dot{f}(t)dt\right| \\ &\geq \frac{\varepsilon}{2}dt \\ &= \frac{\varepsilon\delta}{2}. \end{aligned} \tag{A.3}$$

H. Dhiman und D. Deb, *Entscheidung und Steuerung in hybriden Windparks*,
https://doi.org/10.1007/978-981-97-8339-7

Wie auch immer:

$$\begin{aligned}\lim_{t\to\infty}\left|\int_a^{t_n+\delta}\dot{f}(t)dt-\int_a^{t_n}\dot{f}(t)dt\right| &= \lim_{t\to\infty}|f(t_n+\delta)-f(t_n)| \\ &= \lim_{t\to\infty}|f(t_n+\delta)|-|f(t_n)| \\ &= |\alpha|-|\alpha|=0.\end{aligned}$$

Dies ist ein Widerspruch. Daher $\lim_{t\to\infty}\dot{f}(t)=0$. □

A.2 Windgeschwindigkeitsdatensätze

- https://www.umass.edu/windenergy/resourcedata/format
- http://www.sotaventogalicia.com/en/real-time-data/historical
- http://www.soda-pro.com/web-services/meteo-data/merra
  Quellcodes für Multi-Kriterien-Entscheidungsfindung

A.3 Einfaches additives Wägen

```
function [S,w,Xn]= saw(X)
tic
%normalize decision matrix according to beneficial
%and non-beneficial criteria
[m,n]=size(X);
for i=1:m
    for j=1:n
        Xn(i,j)=min(X(:,j))/X(i,j);
    end
end
Q=(Xn).*log(Xn);

%Construct criteria weight matrix w using Entropy method
for j=1:n
        E(j)= 1/log(m).*sum(Q(:,j));
        d(j)=abs(1-E(j));
end
for j=1:n
    w(j)=d(j)/sum(d);
end

%Construct weighted decision matrix v(i,j) and Calculate
%performance index S for all alternatives
    v=w.*Xn;
    disp('Performance index using SAW method')
    S=sum(v,2);
toc
end
```

A.4 Technik zur Ordnung der Präferenz nach Ähnlichkeit zur idealen Lösung

```
%Deterministic TOPSIS

function [C,w,Xn,vplus,vminus,Splus,Sminus]=topsis(X)
tic
%Construct Decision matrix
%X=input('enter Decision matrix')
[m,n]=size(X);
%Construct normalized decision matrix
for i=1:m
    for j=1:n
        Xn(i,j)=X(i,j)./sqrt(sum(X(:,j).^2));
    end
end
Q=(Xn).*log(Xn);
%Construct criteria weight matrix w using Entropy method
    for j=1:n
        E(j)=-1/log(m).*sum(Q(:,j));
        d(j)=abs(1-E(j));
        %w(j)=d(j)/sum(d);
    end
for j=1:n
    w(j)=d(j)/sum(d);
end

%Construct weighted decision matrix v(i,j)
%wx=[0.1 0.4 0.3 0.2];
for i=1:m
    for j=1:n
        v(i,j)=w(j).*Xn(i,j);
    end
end

%Identify positive and negative ideal solutions
%for i=1:m
    for j=1:n
    vplus(j)=min(v(:,j));     %positive ideal solution
    vminus(j)=max(v(:,j));    %negative ideal solution
    end
%end
%Calculate Eucledian distance for Non-beneficial solution
 p=input('enter␣Lp␣norm␣type␣');
for i=1:m
    for j=1:n
        xx(i,j)=(v(i,j)-vplus(j))^p;
        xxn(i,j)=(v(i,j)-vminus(j))^p;
    end
end

for i=1:m
        Splus(i)=(sum(xx(i,:)))^1/p;
        Sminus(i)=(sum(xxn(i,:)))^1/p;
end

disp('Performance␣index␣using␣TOPSIS␣method␣');
%Rank the alternatives according to relative closeness
for i=1:m
    C(i)=Sminus(i)/(Splus(i)+Sminus(i));
    Rank=sort(C);
end

    %[Qp]=COPRAS(v)
    %[w,S]= saw(X)
toc
end
```

A.5 Komplexe proportionale Bewertung

```
function [Qp,Xn,w]=COPRAS(X)
%Construct Decision matrix
[m,n]=size(X);
%Construct normalized decision matrix
for i=1:m
    for j=1:n
        Xn(i,j)=X(i,j)./sqrt(sum(X(:,j).^2));
      % Xn(i,j)=(1/(X(i,j)))./(sum(1./X(:,j)));
    end
end
Q=(Xn).*log(Xn);
%Construct criteria weight matrix w using
% Entropy method
    for j=1:n
        E(j)=-1/log(m).*sum(Q(:,j));
        d(j)=abs(1-E(j));
        %w(j)=d(j)/sum(d);
    end
for j=1:n
    w(j)=d(j)/sum(d);
end

%Construct weighted decision matrix v(i,j)

for i=1:m
   for j=1:n
        v(i,j)=w(j).*Xn(i,j);
    end
end
        [m,n]=size(v);

        for i=1:m
           Sm(i)=sum(v(i,:));
        end

        yy=sum(Sm);
        zz=(sum(1./Sm));
        %evaluate performance index
        %for each alternative
        for i=1:m

            Cp(i)=(yy./(Sm(i).*zz));
         end

        disp('Performance index using COPRAS method ')
         for i=1:m
            Qp(i)=Cp(i)/max(Cp);
        end

end
```

A.6 Fuzzy-TOPSIS

```
%Fuzzy TOPSIS for hybrid operation of wind farm
%Enter fuzzy decision matrix L,M,U
%L=[3 5 5; 5 3 3; 5 3 1; 1 1 1];
%M=[5.667 8.33 7; 7 7 5; 8.33 5 2.33; 2.33 4.33 1];
%U=[9 9 9; 9 9 7; 9 7 5; 5 7 3];
L=input('enter L matrix ');
M=input('enter M matrix ');
U=input('enter U matrix ');

[m,n]=size(L);

%identify minimum lower TFN for each TFN
for i=1:n
    k(i)=min(L(:,i));
end

%compute normalized L,M,U matrices
for i=1:m
    for j=1:n
        NL(i,j)=k(j)./U(i,j);
    end
end

for i=1:m
    for j=1:n
        NM(i,j)=k(j)./M(i,j);
    end
end
for i=1:m
    for j=1:n
        NU(i,j)=k(j)./L(i,j);
    end
end

%declare weights for criteria for L,M,U matrices
%WL=[5 7 3];
%WM=[7 9 5];
%WU=[9 9 7];
WL=[5,7,9];
WM=[7 9 9];
WU=[3 5 7];
```

```
%compute weighted normalized L,M,U matrices
for i=1:m
    for j=1:n
        WNL(i,j)=WL(j).*NL(i,j);
         WNM(i,j)=WM(j).*NM(i,j);
          WNU(i,j)=WU(j).*NU(i,j);
    end
end

%identify FPIS and FNIS solutions

for i=1:m
    for j=1:n
        FPL(j)=max(WNL(:,j));    %Positive ideal L soln
        FPM(j)=max(WNM(:,j));    %Positive ideal M soln
        FPU(j)=max(WNU(:,j));    %Positive ideal U soln


        FNL(j)=min(WNL(:,j));    %Negative ideal L soln
        FNM(j)=min(WNM(:,j));    %Negative ideal M soln
        FNU(j)=min(WNU(:,j));    %Negative ideal U soln

    end
end

%calculate distance of each element from FPIS & FNIS
for i=1:m
    for j=1:n
        %Positive distance L Matrix
        DL(i,j)=(WNL(i,j)-FPL(j))^2;

        %Positive distance M Matrix
        DM(i,j)=(WNM(i,j)-FPM(j))^2;

         %Positive distance U Matrix
        DU(i,j)=(WNU(i,j)-FPU(j))^2;

        %Negative distance L Matrix
        DNL(i,j)=(WNL(i,j)-FNL(j))^2;

        %Negative distance M Matrix
        DNM(i,j)=(WNM(i,j)-FNM(j))^2;

        %Negative distance U Matrix
        DNU(i,j)=(WNU(i,j)-FNU(j))^2;


    end
end
 %Aggregate positive & negative distance matrix
 APDM=sqrt(0.33.*(DL+DM+DU));
 ANDM=sqrt(0.33.*(DNL+DNM+DNU));

  %Compute distance degree for each alternative
  PD=sum(APDM,2); %summation across rows
  ND=sum(ANDM,2);

  %compute closeness coefficient
  for i=1:m
      CC(i)=ND(i)/(PD(i)+ND(i));
  end

  [kenny,ADDL] =FuzzyCOPRAS(WNL,WNM,WNU)
```

A.7 Fuzzy COPRAS

```
% kenny is the priority score for alternatives
function [Q,ADDL]= FuzzyCOPRAS(WNL,WNM,WNU)
[m,n]= size(WNL);
  ADDL=[sum(WNL,2) sum(WNM,2) sum(WNU,2)];

  %defuzzyfy into crisp numbers

    alpha=input('enter␣alpha␣cut␣value')

for k=1:length(alpha)
 for i=1:m
  Q(k,i)=2*ADDL(i,1)*(1- alpha(k))+0.5*(ADDL(i,3)
         -ADDL(i,2))*(1- alpha(k))^2;
 end
end

for i=1:4
Qmax(i)=max(Q(i,:));
end

alphacut=input('enter␣alpha␣cut␣value')
    switch alphacut
        case 0.2
            alphacut=1;
        case 0.4
            alphacut=2;
        case 0.6
            alphacut=3;
        otherwise
            alphacut=4;
    end
  kenny=(Q(alphacut,:)/Qmax(alphacut))*100;

NCS=input('enter␣normalized␣cost␣score␣');
NCS2=input('enter␣normalized␣cost␣score␣');

FPS=NCS.*kenny
FPS2=NCS2.*kenny
end
```

Epilog

Nachdem sowohl die Entscheidungsaspekte als auch die Kontrollaspekte, die im Zusammenhang mit der Schätzung des Wake-Zentrums an der Maximierung des Windparkprofits beteiligt sind, vorgestellt wurden, ist ein integrierter Mechanismus zur Berechnung von CFD-Simulationen (Computational Fluid Dynamics) für Windturbinen erforderlich, um diese beiden Aspekte für zukünftige Arbeiten zu verbinden. Eine solche Simulation, möglicherweise in Form eines Werkzeugkastens, sollte in der Lage sein, Wake-Effekte für jede gegebene Anordnung von Windturbinen im Aufwind, bei jeder Gier-Bedingung und unter einer Vielzahl von Entscheidungsszenarien zu modellieren. Es wird eine Echtzeit-adaptive Steuerung, die darauf abzielt, die Gewinnmaximierung auf eine Weise zu ermöglichen, dass die Entscheidungsfindung dynamisch ist, benötigt.

Für einen solchen integrierten Entscheidungs- und Steuerungswerkzeugkasten des Windkraftmanagements in Windparks muss der Werkzeugkasten mit einer umfangreichen Datenbank von Kriterien und Attributen für verschiedene Arten von Windparks und darin enthaltenen Windturbinen ausgestattet werden. Um sicherzustellen, dass die gewählten Kriterien und Attribute in Bezug auf alle möglichen Varianten von Windturbinen und Windparks und die dort herrschenden Bedingungen ausreichend sind, ist es wichtig, eine große Anzahl von Windparks zu studieren und auch umfangreiche Daten durch den Prozess einer umfassenden Befragung von Experten vor der Auswahl der potenziellen Entscheidungen in der Entscheidungsfindung zu sammeln.

Abgesehen von einem solchen Simulationsrahmen ist es auch notwendig, umfassende Windkanaltests für verschiedene Entscheidungsattribute, Kriterien und auch mit verschiedenen fortschrittlichen Steuerungen unter Gier- und Neigungs-Bedingungen der Turbinenblätter durchzuführen. Wie in Kap. 4 erklärt, ist die Fuzzy-Set-Theorie nützlich bei der Entscheidungsfindung, wenn die Ziele, Einschränkungen und Ergebnisse der getroffenen Maßnahmen ungenau verfügbar sind, und da umfassende Windkanaltests und umfassende Befragungen von Experten die inhärente stochastische Natur des Windes nicht intrinsisch beseitigen können, wird erwartet, dass auf Fuzzy-Logik basierende Entscheidungsfindungen wie Fuzzy-TOPSIS und Fuzzy-COPRAS weiterhin eine bedeutende Rolle im Bereich der Windparkstromerzeugung spielen werden.

H. Dhiman und D. Deb, *Entscheidung und Steuerung in hybriden Windparks*,
https://doi.org/10.1007/978-981-97-8339-7

Dieser indikative, mehrgleisige Optimierungsansatz muss weiter auf eine umfangreiche Forschung zu BESS (Batterie-Energiespeichersystemen) für den Einsatz in Onshore-Windparks auf verschiedenen Ebenen ausgeweitet werden, um die Lebenszyklusanzahl weiter zu erhöhen und die Betriebskosten zu senken. Es gibt umfangreiche Forschungen zur Schätzung des SoC (State of Charge) und zu Modellen, die fortschrittlicher sind als das in diesem Buch verwendete Energiespeichermodell und die in weiteren Studien auf diesem Gebiet eine angemessene Verwendung finden würden. Experimentelle Arbeiten müssten für die Gierwinkelsteuerung verschiedener Konfigurationen von Windturbinen im Aufwind durchgeführt werden, um die minimalen Betriebskosten von BESS für fortschrittliche Wake-Management-Strategien zu ermitteln.

GPSR Compliance

The European Union's (EU) General Product Safety Regulation (GPSR) is a set of rules that requires consumer products to be safe and our obligations to ensure this.

If you have any concerns about our products, you can contact us on ProductSafety@springernature.com

In case Publisher is established outside the EU, the EU authorized representative is:

Springer Nature Customer Service Center GmbH
Europaplatz 3
69115 Heidelberg, Germany

Batch number: 10607871

Printed by Printforce, the Netherlands